LE GVIDON DE LA NAVIGATION OV TRAICTE DV MOVVEMENT DE LA MER ET DES VENTS,

TRADVIT DV LATIN D'ISAAC VOSSIVS,

OV LA CAVSE DE TOVS LES DIFFERENTS
flux, reflux & courans qui se font par toutes les Mers
du Monde est enseignée auec l'origine des
Vents, & la raison de leur differentes
qualitez, qui causent la fertilité ou
sterilité des Terres.

A PARIS,
Chez FRANCOIS CLOVSIER, en la Cour du Palais,
proche l'Hostel de M. le Premier President.

M. DC. LXVI.
AVEC PRIVILEGE DV ROY.

EXTRAICT DV PRIVILEGE DV ROY.

PAR Lettres Patentes de sa Majesté, données à Paris le vingt-troisiéme iour d'Aoust 1665. signées QVITONNEAV, & seellées du grand Seau de cire jaune sur simple queuë ; Il est permis à FRANCOIS CLOVSIER Marchand Libraire en nostre bonne Ville de Paris d'imprimer, ou faire imprimer, vendre & distribuer en tous les lieux de nostre obeyssance vn Liure intitulé *Le Guidon de la Nauigation*, traduit en François du Latin de Vossius par le sieur DE CRECY, & ce durant l'espace de dix années à compter du iour que ledit Liure sera acheué d'imprimer : Et tres-expresses deffenses sont faites à toutes sortes de personnes, de quelque qualité & condition qu'elles soient, d'imprimer ou faire imprimer ledit Liure, ny mesme d'en vendre de contrefaits à peine de quinze cens liures d'amende, de confiscation des exemplaires contrefaits, & de tous despens, dommages & interests, comme il est plus amplement porté par lesdites Lettres.

Acheué d'imprimer pour la premiere fois le 20. septembre 1665.

Les exemplaires ont esté fournis.

Le Lecteur excusera, s'il luy plaist, les fautes qui se sont glissées dans l'Impression; le départ du Traducteur pour vn grand voyage ne luy a pas laissé le loisir de reuoir les espreuues & les corriger.

A MESSIEVRS

LES DIRECTEVRS DE LA CHAMBRE GENERALE DV COMMERCE DES INDES ORIENTALES ESTABLIE A PARIS.

ESSIEVRS,

VOICY le premier hommage, que ie vous rends & pour redeuance, ie vous presente vn Guidon, sous la conduite duquel la Mer & les Vents desarmez de leurs furies

à

viennent se soûmetre à Vostre puissance, & paroistre obeissans aux volontez de vos Pilottes, pour vn presage asseuré de cette merueilleuse grandeur, à laquelle vostre Compagnie se doit éleuer. Le fauorable accueil dont vous honorastes mon Escrit du mois de Ianuier dernier au suiet de l'establissement de vos Colonies, ma fait encor esperer vn meilleur succez, en vous presentant la Traduction de Vossius du Mouuement de la Mer & des Vents. Cét Ouurage contient de si belles choses qu'il vous agreera sans doute, lors que vous aurez pris la peine de le voir, & vous le considererez comme le Guidon des Flottes de cette celebre Compagnie qui conduite par vos soins doit estre la mere norrice de l'Estat & ramener en France l'abondance & l'aage d'or? Aussi qu'elle autre compagnie se peut vanter d'auoir comme la Vostre pour Fondateur le plus grand Roy qui fut iamais au monde; Pour premier Directeur, le premier Ministre du plus florisant Estat de l'Vniuers, & dont la sage conduite seroit capable de gouuerner toute la Terre. Et vn grand nombre de Directeurs choisis ou d'entre les Conseillers d'Estat, ou parmy les plus sages & plus auisees testes qui se mélerent iamais du commerce; & des soins de tous lesquels la France n'attend pas moins que de voir parmy ses peuples l'or & les autres richesses plus communes qu'en aucun lieu du monde. Vostre modestie qui n'a pas peu souffrir les respects que ie vous doy comme à mes Seigneurs, ny que i'entrasse dans le moindre destail de vos merites, ne pourra pas empescher que dans peu, ie ne me voye satisfait auec vsure, puisque les grandes choses qui se vont executer sous vos Ordres fourniront de si belles matieres de louanges que la Renommée que l'on ne peut faire taire, comme moy employera toutes ses cent bouches pour les publier. Le seuere exemple de modestie que vous me donnés qui me fermeroit la bouche si ie vous offrois quelque chose de mon inuention, me laisse en cette occasion la liberté de discourir du merite de mon Present; & ie dois certes cette reparation à l'Autheur pour auoir entrepris auec des forces si disproportionnées d'interpreter en nostre langue les plus importans & plus cachez secrets de la nature que le plus beau Genie de nostre aage nous a enseignez auec vn stile autant eloquent que son suiet est releué. Ie sçay bien que l'on blasmera ma temerité, & que l'on trouuerra à redire qu'vn Caualier aye pris pour son coup d'essay la plus importante de toutes les matieres, & l'aye expliquée en des termes si grossiers; mais ie pretends tirer mon excuse de la faute de mes Censeurs, eux qui possedans, comme ils sont l'Eloquence au plus haut degré, deuroient rougir de honte de n'auoir pas fait de part au Public de ce Tresor inestimable qui seroit demeuré inutile en France à faute de pouuoir estre entendu par nos Pilottes. Quand à moy i'ay mieux aymé manquer enuers la Rhetorique qu'enuers ma Patrie, & i'ay creu qu'il me suffiroit d'expliquer le sens de l'Auheur, le suiet estant assez riche de soy sans chercher à l'embellir par vn langage affeté. Considerez donc, MESSIEVRS, ce que ie vous offre comme le Guidon qui doit conduire toutes vos Nauigations; c'est le Routier des Routiers, l'Art de trauerser les Mers sans craindre les naufrages, le Methode de trouuer les Vents & les marées fauorables aux intentions des Voyageurs, l'inuention de preuoir les tempestes & se mettre à couuert de leurs furies, le moyen pour connoistre la fertilité ou sterilité de toutes les contrees du monde: Enfin c'est la science qui nous apprend que la Mer & les Vents que les anciens ont appellez le miroir & le tableau de l'inconstance sont les plus reglees choses de l'Vniuers. & gardent vne cadence iuste & vn ordre immuable dans leurs mouuemens. Si dans le peu que i'ay contribué à cét Ouurage, vous iugez fauorablement de mon intention, iestimeray infiniement ma bonne fortune & deuiendray plus hardy à chercher de la les Mers par quelques actions plus conuenables à ma profession de vous témoigner que mourir pour vos interests est le plus glorieux destin que se propose.

MESSIEVRS,

Vostre tres-humble, tres-obeïssant, & tres-fidelle seruiteur

LE CHASTELAIN DE CRECY.

ADVIS DONNE' A MESSIEURS les Syndics de la Compagnie des Indes Orientales, par le sieur D. C. au mois de Ianuier de cette année 1665. sur la question; sçauoir lequel est le plus expedient de la Regie ou de la Colonie, à Madagascar.

IL est constant que toutes les Nations qui ont entrepris d'occuper de nouuelles terres, l'ont fait par les motifs, ou de la religion, ou de la gloire, ou de l'vtilité. Il est certain aussi que la religion & la gloire détachées de tout autre interest, n'ont peu estre enuisagées que par de grands Souuerains, qui auoient le pouuoit de soustenir les excessiues dépenses qui sont necessaires en de pareilles entreprises; ce que ne pourroient pas faire les Compagnies de particuliers qui se sont formées dans nostre siecle, par les peuples de l'Europe, & qui possedent aujourd'huy des Estats tres-considerables, dans l'Asie, l'Afrique & l'Amerique, & lesquelles ayant joint l'vtilité aux motifs de Religion & de gloire, sont aujourd'huy le sujet de l'admiration de toute la terre, ayant égalé leur puissance à celle des grands Souuerains.

Et d'autant que le dessein de la celebre Compagnie, qui veut occuper Madagascar, est fondé sur le desir de la propagation de la Foy, sur la gloire de la Nation Françoise, & sur l'establissement du Commerce. Voyons par laquelle des voyes, de la Regie ou de la Colonie l'on y peut plus facilement paruenir.

Si nous voulons puiser dans l'Histoire la decision de cette question, nous trouuerons dans la suite des temps vne infinité d'exemples de la Colonie, & presque aucun de la Regie, nous y verrons chez les Pheniciens, qui les premiers ont entrepris les longues nauigations, les Tiriens planter leurs Colonies en Afrique, & y fonder Carthage. L'on verra chez les Grecs les Focences fonder en Gaule Marseille par vne Colonie, & Alexandre apres la conqueste de l'Empire de Darius, ne trouuer point de moyen plus asseuré pour s'en conseruer la domination, que d'establir parmy les Perses des Colonies de Grecs, en mariant ses Soldats auec des Persanes; & luy-mesme leur seruit d'exemple par ses mariages auec Roxane & Statira. Et ces grandes Villes, qui iusques à present ont conserué le nom d'Alexandrie, portent témoignage de ses Colonies dans l'Egypte & dans l'Asie.

Les Romains ont suiuy cét exemple, & encor aujourd'huy, Lyon, Aix, Narbone & Cologne, auec vne infinité d'autres, en sont des tesmoins irreprochables; La Prouence mesme toute entiere à Marseille prés, n'ayant esté autre chose qu'vne Colonie Romaine.

Nous auons vn exemple domestique sur cette question, en Pharamond, fondateur de cette Monarchie, lequel se contenta par vne Regie de commander chez les Gaulois; mais sa satisfaction fut imparfaite. Son Empire mal asseuré, & la gloire du ferme establissement de la Monarchie fut reseruée à Clodion & à Meroüé, ses successeurs; parce qu'ils establirent en Gaule des Colonies, & dés lors les deux Peuples n'en formerent qu'vn, les Originaires quittans leur nom pour prendre celuy des Conquerans.

Charlemagne, fondateur de l'Empire d'Occident, & la gloire de nos Anciens Roys, ne trouua point d'autre expedient pour contenir les Saxons dans l'obeissance, aprés les auoir domptez, que d'establir chez eux des Colonies de ses Subjets, n'y ayant iamais pû reussir par la Regie.

Les Goths auroient-ils possedé de si beaux estats en Espagne sans leurs Colonies, lesquelles s'y sont si bien prouignées, qu'encor aujourd'huy la plus braue Noblesse d'Espagne fait gloire d'en estre décenduë.

Les Danois Norvegiens, pendant prés de cent ans, ravagerent la pluspart des Prouinces de France sous nos Roys faineants : neantmoins ils ne pûrent iamais faire d'estalissement solide, iusques à ce que sous Roul, leur general, ils fonderent des Colonies en Neustrie, qui dés lors perdit son nom, pour prendre celuy de ces Normands.

Guillaume le Conquerant n'eust iamais laissé l'Angleterre paisible à sa posterité, s'il n'y eust transporté les meilleures familles de son pays natal, qui y subsistent encore auiourd'huy? Qui a fait conseruer Calais aux Anglois prés de deux cens ans, sinon les Colonies qu'ils y establirent.

Mais afin de nous proposer des exemples plus modernes, voyons les manieres d'agir és terres que l'on a découuertes és deux derniers siecles. Les Portugais & les Castillans ont esté les premiers qui ont entrepris par des voyages de long cours, de pousser leurs conquestes dans les regions de la terre les plus éloignées, pendant que la France se consommoit sous Charles VIII. & Louys XII. pour la conqueste de l'Italie.

Les heureux succés des Portugais & Castillans, ausquels le Pape Alexandre VI. par ce fameux, ou plustost ridicule partage, auoit diuisé le Globe de la terre en deux, pour estre l'obiet de leurs conquestes, ont depuis éueillé l'appetit de la pluspart des Nations de l'Europe pour auoir leur part de ces Royaumes que le Pape donnoit à si bon marché; & depuis l'on a veu diuerses Flottes de François, d'Anglois, de Danois, de Suedes & d'Holandois courir la mer, & occuper diuerses terres dans l'Asie, l'Afrique & l'Amerique.

Les Portugais & les Castillans ont sans doute occupé le plus de terre & les meilleures, & l'on peut dire que les autres Nations n'ont eu que leur rebut; Ainsi il nous faut premierement esplucher la conduite de ces deux Nations

& sçauoir à laquelle ils se sont attachez, de la Regie ou de la Colonie.

Ozorius dans son Histoire, remarque qu'Abuquerque & Almeide, tous deux successiuement Viceroys aux Indes, pour la Couronne de Portugal, agiterent nostre question par leurs deportemens differens; Almeide voulant par vne Regie, & sans establir de Colonies, tenir les Indes en subjection, par le moyen des Armées navales qu'il pretendoit entretenir, en les faisant continuellement rafraichir de nouueaux hommes que l'on enuoyoit de Portugal; & au contraire Albuquerque voulut faire des peuplades de Portugais dans les Indes, desquelles en vn besoin il pourroit leuer vne Armée fraiche & deliberée, au cas que par quelques auentures les Flottes que l'on enuoyoit de Portugal tous les ans, vinssent à manquer. Et cét Autheur obserue que l'experience a fait voir combien meilleur estoit le sentiment d'Albuquerque; car il est cõstant que s'il n'eust pas espãdu des peuplades de Portugais par les Indes, ny luy ny ses successeurs n'eussent iamais conserué leurs cõquestes, trouuãs à coup prest vn secours dãs leurs Colonies, pour opposer aux soudaines entreprises de leurs ennemis, sans attendre vn secours de Portugal, lequel en si longue & si perilleuse nauigation, perit pour la plus part de diuerses maladies, ou par des naufrages, ou arriue à contre-temps. Mais le sage Albuquerque en faisant des peuplades de ses Soldats, ausquels il donnoit des terres, fonda entr'autres l'Estat de Goa, si fort qu'il se pût maintenir de luy-mesme, & se trouua si puissant que l'on y leua des Armées pour opposer aux forces de Soliman, Empereur des Turcs, & depuis au Roy de Cambaye, lors qu'ils entreprirent sur la Citadelle de Diu.

L'Admiral Colomb, qui le premier, pour la Couronne de Castille a découuert l'Amerique, pour asseurer ses conquestes, ne commença-il pas d'abord à establir des Colonies dans l'Espagnolle & dans Cuba. Vasco Nugnés aprés auoir découuert la Mer du Sud, fonda & peupla

Panama de Castillans : Et le rusé Cortez, Conquerant de Mexique, pour prendre pied, fonda aussi & peupla la Villa-Ricca, Vera-Crux, & Segura de la Frontera, auant que de pousser ses conquestes. Enfin l'on sçait assez que l'Espagne s'est presque épuisée d'hommes par la fondation des Colonies dans tous les Estats qu'elle possede en l'Amerique, & qu'elle ne les conserue que par cette voye, n'ayant fait qu'vn mesme peuple d'eux & des originaires par les mariages ; & ç'a esté par ce moyen qu'ils ont si puissamment estably la Religion dans toutes leurs conquestes du nouueau Monde.

Les Anglois n'ont occupé aucunes terres dans lesquelles ils n'ayent fondé des Colonies, témoin la Virginie & les Antilles, lesquelles ont tellement multiplié qu'ils pourroient leuer vne Armée dans la seule petite Isle de Saint Christophle, dont ils ne tiennent que la moitié.

Quant aux Holandois, il est constant que dans les païs où ils possedent de grandes estenduës de terres, ils y ont fondé de grandes & vastes Colonies, ainsi qu'il se peut remarquer dans l'Amerique Septenttionale, & aux enuirons de la ligne, dans leurs peuplades de Boron, Esqueyb, Tabat & autres, où afin de peupler plus facilement, ils reçoiuent, non seulement les estrangers pour habitans; mais mesme leur font des aduances considerables.

Que si l'on m'objecte que dans les Indes Orientales ils y administrent par Regie ce qu'ils y ont ; ie responds qu'ils n'y possedent aussi que les terres qui sont sous la portée du canon de leurs Forteresses, & qu'ainsi il ne leur est pas difficile de faire valoir par des engagez & des esclaues le peu de terre qu'ils occupent : ioint que le grand nombre de peuple de leur nation qu'ils ont estably à Battauia & autres lieux, peut bien tenir lieu de Colonie, quoy qu'il ne s'applique qu'au trafic, & non à la culture des terres : Aussi l'on m'aduouëra que cette nation est d'elle-mesme tres-mal propre à l'agriculture ; la scituation de leur pays natal, dont presque tout le reuenu ne consiste qu'en paſturages, leur faiſant plus porter eur eſprit au commerce qu'au labourage.

Mais ſans aller chercher des exemples eſtrangers, nous les pouuons prendre chez nous-meſmes, & conſiderer que lors que nous auons voulu faire des eſtabliſſemens, aucuns n'ont reüſſi, ſi l'on n'y a fait des Colonies.

Quel eſt le fruit que nous auons tiré de la belle découuerte de terres que le grand Roy François I. fiſt faire en l'Amerique, par Iean Verrazan, depuis les 24. degrez vers le Nord, iuſques aux 56. car quoy qu'il euſt pris poſſeſſion de neuf cens lieuës de coſte de Mer, & leur euſt impoſé le nom de Nouuelle France. Et que depuis Landonnier François, euſt fait porter aux Riuieres de la Floride, les noms de Seine, Loire, Garonne, Gironde Charente, &c. Neantmoins les Caſtillans nous en ont chaſſez ſous Charles IX. par la priſe & le maſſacre de la Garniſon du Fort de Charlebourg, contre la foy promiſe; & ont adiouſté ces belles terres à leur nouuelle Eſpagne, nommans la Seine, Saint Auguſtin, la Garonne, Saint Mathieu, & ainſi des autres, pour abolir entierement en ces lieux la memoire des François. De toutes ces belles conqueſtes ne nous eſtant reſté que le miſerable canton de Canada, parce que l'on y a eſtably Colonie, & non ailleurs.

Le Breſil où les Portugais trouuent auiourd'huy vne ſource ineſpuiſable de precieuſes Marchandiſes, n'a-t-il pas eſté pour la pluſpart découuert ſous Charles IX. par vn Gentil homme François, nommé Ville-Gaignon, qui dans le quartier des Topinambaoux, bâtiſt vne Forteresse, laquelle du nom de l'Admiral de France, il appella Coligny, mais tout cela s'eſt perdu faute de Colonie, & dans toute l'Amerique Equinoctiale il ne nous reſte plus que les lieux, où nous auons des Colonies; ſçauoir aux Antilles & au Cap de Nord, où l'on ne ſe maintient pas ſeulement; mais l'on y augmente tous les iours.

L'on peut remarquer aiſement que le ſuiet de noſtre foibleſſe à Madagaſcard depuis ſi long-temps que nous y frequentons, vient de ce qu'il n'y a pas eu de Colonies establies; car il est constant que l'homme n'estant point attaché dans vn pays par l'interest d'vne famille, a naturellemēt l'inclination portée à retourner voir son pays natal, & les allées & venuës dans des voyages perilleux & lointains, consomment vne partie des hommes que l'on passe, sans conter ceux que le climat & les viures differens d'où ils sont nais, fait mourir par autre voye, là où du moment que des gens sont passez & habituez à l'air & à la nourriture du pays; tout le peril est hors, & des enfans venans à naistre d'eux, ce sont dés lors des Originaires, qui ne reconnoissent plus d'autre patrie. Et si l'on veut examiner de prés la cause de la mort de quantité de François en cette Isle, l'on trouuera que ce que l'on a attribué à l'air & aux viures, est prouenu de l'accointance auec les femmes du pays, lesquelles par vne lubricité insatiable, les ayant excitez auec de certaines drogues, & espuisé les forces naturelles de ces sensuels: elles les ont eneruez & fait mourir languissans, lequel desordre ne seroit pas arriué, si l'on n'auoit passé des familles pour faire Colonie.

Cette terre que l'on veut appeller Gaule Orientale, comme il paroist par l'inscription de son grand Sceau; pourroit-elle à bon droit porter ce nom glorieux, quand elle ne sera peuplée que d'Africains, & les François pourront-ils s'en dire Bourgeois, quand leur demeure ny sera que passagere, & qu'ils y seront comme des locataires pour cinq ans, non certes s'ils n'y prennent racine; ce qui ne se peut faire que par la Colonie.

Il est certain que dans les Regies les Seigneurs ont entierement le profit des choses qu'ils font cultiuer; mais si le profit & la dépense sont serieusement balancez, il se trouuera que les frais en osteront le goust; passer des Engagez, les nourrir dans le pays, leur donner des gages, les ramener en France au bout de cinq ans, n'est pas vne petite dépense, & il ne faut pas se flatter qu'il y en aye beaucoup qui vueillent continuer sur nouueau terme; car l'esprit de l'homme, & particulierement du François, qui naturellement est inconstant, appette tousiours choses nouuelles; & le desir de reuoir les parens, est vn pressant motif sur la pluspart des hommes : Ainsi il faut faire estat d'auoir de cinq en cinq ans presque tous gens neufs, & par consequent ignorans de l'vsage du pays; Dautant que des hommes se voyans pour ainsi dire condamnez à vne perpetuelle seruitude, & sans esperance (leur seruice fait) de pouuoir estre dans l'independance, & maistres de maison à leur tour, enuisagent ce genre de vie, comme vn esclauage; ce qui fait qu'il seroit à craindre que l'on pourroit à la suite manquer de gens qui voulussent s'engager sans autre esperance que de seruir, & sans aucune liberté de commerce; En outre qu'il seroit impossible de fournir autant de seruiteurs qu'il en faudroit pour en disperser dans sept ou huit cens lieuës de tour que contient Madagascar.

Il faut encor demeurer d'accord que la pluspart des Engagez pour le trauail, seront, ou gens libertins, qui ne voulans pas trauailler, ont de la peine à viure en France, & n'entreprenneut de passer la mer que pour viure en oisiueté, ou seront enfans peruers à charge à leurs parens: lesquels ne les pouuans reduire, cherchent à s'en décharger par cette voye; De maniere que ces sortes de gens donneront tousiours plus de peine à ceux qui les auront sous leur charge, pour les contenir dans le deuoir, que ne fera le pays à conquerir, & les Originaires à reduire à l'obeissance : ce qui ne se rencontreroit pas à l'égard de gens qui se trouueroient en tres-grand nombre par tout le Royaume, qui passeroient à Madagascar, pour y establir Colonie, la plupart desquels estans gens reglez & chefs de famille, sont non seulement accoustumez au trauail, mais à viure dans l'ordre, joint que quand il y en auroit de faineants, la perte ne se trouueroit que pour eux, n'estans pas aux gages des Seigneurs. Car de penser

assuiettir

assujettir les Engagez au trauail, par le moyen des Commandans que l'on establiroit sur eux pour les faire trauailler; outre que ceux-cy pourroient eux-mesmes fomenter l'oisiueté, c'est qu'il se trouueroit enfin que le chapitre de la dépense passeroit celuy de la recepte; & ce qui est le plus considerable, c'est que la Religion ne s'establira iamais parmy les Originaires que par l'exemple: ce qui ne peut absolument se faire que par des gens reglez en familles & sedentaires, comme est la Colonie.

Il est bien vray que les Seigneurs peuuent faire cultiuer par regie les lieux les plus commodes & les meilleurs; & en ce cas ils trouueroient vn tres-grand aduantage dans la Colonie, en l'assujettissant à certain nombre de iours de trauail par teste pour la culture de leurs terres; & par ainsi establissant la Colonie, dans le surplus dont l'on payeroit tribut aux Seigneurs, quelque mediocre qu'il fut, il seroit enfin par la quantité tres-considerable.

De plus les Collons seroient gens qui passans à leurs frais, fortifieroient la nation, sans estre à charge aux Seigneurs, & l'on en formeroit des Compagnies, qui seroient obligées de prendre les armes au besoin; parmy lesquelles l'on pourroit prendre des seruiteurs à petits gages, pour tel seruice qu'il plairoit aux Seigneurs; car outre que l'on épargneroit les frais du passage & du retour, l'on seroit asseuré de ne pas manquer de gens entendus à l'vsage du pays: joint que l'exemple des familles entieres obligeroit insensiblement les Originaires à embrasser nos Coustumes & nostre Religion, & à se contenir dans l'obeissance, & mesmement par les mariages qui se pourroient contracter auec eux. D'ailleurs les marchandises que pourroient faire ou amasser les Collons, estant de necessité portées dans les magazins des Seigneurs, par vente à vil prix, ou par eschange de leurs necessitez le commerce s'en feroit auec la moitié plus de promptitude.

Ce n'est pas qu'il ne soit absolument necessaire aux Seigneurs, d'entretenir quelques garnisons dans des Forts auantageusement placez, tant pour contenir le pays en l'obeïssance, que pour en interdire l'abord aux estrangers, en cas de besoin, lesquels par ialousie, pourroient donner aux Originaires des armes & des munitions, comme l'on sçait qu'ils ont fait aux Iroquois.

Enfin il est question de decouurir les richesses & les raretez qui sont contenuës dans le pays, & y establir le commerce? mais le moyen de les decouurir, qu'en y respandant des habitans, c'est à dire des Colonies, puis qu'il ne faut pas esperer que les Originaires nous decouurent rien, eux qui tascheront tousiours par tous moyens de nous dégouster d'habiter leur pays? & le moyen encor d'establir vn commerce considerable, si l'on n'a des Villes où soit l'abord des marchandises, & dãs lesquelles se puisse trouuer en vn moment les choses necessaires? & le moyen d'auoir des Villes, si l'on n'a des familles qui les composent, c'est à dire des Colonies.

Si la possession de ce pays n'estoit pas en propre aux Seigneurs: mais pour vn terme comme par maniere de bail, ie serois pour la regie, d'autant que par ce moyen l'on en pourroit tirer vn profit plus present que non pas par le moyen de la Colonie; de laquelle l'establissement est plus lent; mais d'autant que c'est vne Seigneurie hereditaire, l'on ne doit point enuisager vn establissement passager & de peu de durée: ains par vne belle ambition l'on doit songer à fonder vn Estat permanent, pour le transmettre à la posterité. Doncques il faut conclure que la Colonie est absolument necessaire, & que tant plustost elle sera establie, plustost l'on en recueillera les fruits.

TABLE

TABLE DES CHAPITRES.

FIN.

L'ANGE GARDIEN DE LA NAVIGATION OV TRAICTÉ DV MOVVEMENT des Vents & de la Mer,

TRADVIT DV LATIN D'ISAAC VOSSIVS,

CHAPITRE I.

Le Mouuement de la mer est perpetuel en la Zone torride.

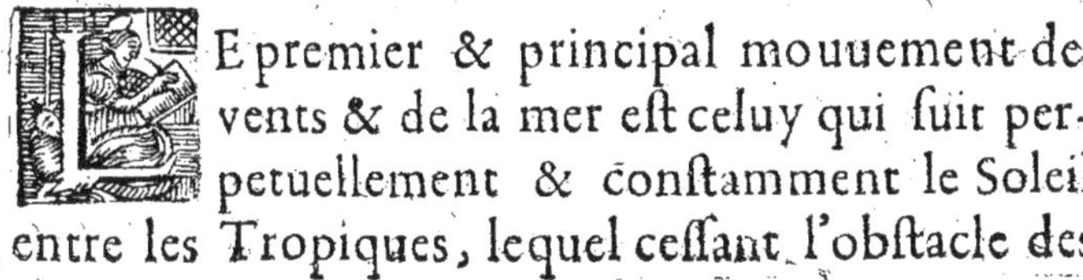

LE premier & principal mouuement des vents & de la mer est celuy qui suit perpetuellement & constamment le Soleil entre les Tropiques, lequel cessant l'obstacle des terres circulleroit à l'entour de la terre égalemẽt, & quoy qu'il soit apparent generalement par toute la Zone torride, neantmoins il n'esclatte ny n'agit nulle part auec tant de vigueur qu'il fait dans la mer pacifique qui est entre le Perou ou la coste Occidentalle de l'Amerique, & des Moluques. Puisque les Vaisseaux qui font voille de Lima Panama, ou Acapulco, font ce traiect en trois mois, & mesme en beaucoup moins de temps, bien qu'il contienne plus de deux mil deux cens lieuës d'Alemagne, le mesme vent d'Orient, & les mesmes courants de la mer tendans à l'Occident les accompagnans tousiours iusques aux Moluques & aux costes de l'Inde. Ceux-la ioüissent aussi des mesmes vents & marées qui partent des Moluques & autres Isles des Indes pour aller au cap de bonne Esperance & aux costes Orientales de l'Affrique; Et quoy que ce cours des vents & de la mer incline vn peu du costé du Sud dans la mer des Indes, & dans le Golphe d'Arabie, ainsi qu'il sera expliqué cy apres, il ne change neantmoins pas pour cela, mais continue à fluer incessamment deuers l'Orient. La troisiéme partie de l'Ocean qui nous reste est celle qui est entre le Cap de bonne Esperance & le Bresil, ou la coste occidentale de l'Affrique & les riuages de l'Amerique opposez qui sont sous la Zone torride, cette mer tient continuellement le mesme ordre & le courant du flux & des vents tend incessamment vers l'occident.

Si donc vn Pilote experimenté & sçauant dans la connoissance des lieux subiets aux tempestes entreprenoit de faire le tour du monde, ie tiens pour constant qu'en neuf ou dix mois il viendroit à bout de son dessein, pourueu qu'il disposast sa route, de sorte qu'il passast les destroits de l'Amerique du costé du Sud en saison fauorable, asçauoir aux mois de Decembre ou de Ianuier. Mais si quelqu'vn entreprenoit de faire le mesme tour, & nauigeoit contre le cours du Soleil, c'est à dire de l'occident à l'orient, celuy la dans vingt ans & peut-estre iamais ne viendroit pas à bout de son entreprise.

La cause de ce mouuement est bien autre que ce quelques-vns ont pensé, sçauoir que le Soleil estant perpendiculaire beuuoit les eaux de la mer, & faisoit vn creux, lequel les eaux contigues deuoient remplir: car si cela estoit les mers ne courroient pas presentement vers l'occident mais vers l'orient. dautant que les lieux de la mer qui n'ont point encor esté exposez aux rayons perpendiculaires du Soleil estant par cette raison plus éleuez que ceux qui sont sous le Soleil ou qui y ont esté peu auparauant, & sont par consequent plus bas; Il s'ensuiuiroit de-là necessairement que les mers qui sont sous la Zone torride deueroient fluer de l'occident à l'orient; puisque le mouuement naturel des corps pesans se fait de haut en bas.

Mais il en va bien autrement, & la raison qui fait fluer la mer vers l'occident, est tout à fait contraire, & quoy que le Soleil attire & separe par sa chaleur les parties de l'eau les plus subtiles, il n'abaisse ou ne diminue pas pour cela la hauteur ou la superficie de la mer, mais bien plustost il l'eleue ou la dilate : Par tout ou le Soleil est perpendiculaire la mer est plus enflée. Et où enfin le Soleil a cessé de donner à plomb la mer s'applanit & s'abbaisse mesme quelque peu plus bas qu'elle n'estoit auant son enfleure. Comme donc les mers qui ont le Soleil en ligne perpendiculaire ou qui l'ont eu immediatement auparauant sont plus esleuées que n'est la surface des mers vers l'occident qui n'a point encor esté directement exposée à l'ardeur des rayōs de cét Astre. Il arriue de necessité que les eaux sont roullées de la plus haute superficie à la plus basse ; Et c'est cette seule raison qui pousse la mer deuers l'occident, ce qui se doit pareillement entendre des vents, d'autant que ce que souffre la mer, le même arriue à l'air qui luy est contigu.

Enfin ce mouuement de l'Ocean est non seulement la principale cause de toutes les marées qui sont poussées dans toutes les parties du monde, mais en est absolument l'vnique motif comme il paroistra clairement par ce qui sera dit cy-apres.

CHAPITRE II.

Le mouuement annuel, lequel est l'inclination du premier mouuement, est expliqué.

OVTRE ce mouuement des vents & de la mer, dont nous auons traitté, il en faut remarquer vn autre qui accompagne aussi exactement le Soleil. Et comme cette Astre ne roule pas tousiours sur vn mesme paralelle, mais decline tantost vers le Nort, puis vers le Sud; ainsi le flux de la mer en vse pareillement. Et quand le Soleil occupe les signes Septentrionaux, ce mouuement general incline aussi du costé du Nort; mais lors qu'ayant passé la ligne equinoctialle il vient à visiter les signes Austraux à leur tour, pour lors le cours des marées incline de mesme du costé du Sud; de sorte neantmoins que les espaces de la mer qui se trouuent exposés au Soleil en ligne perpenticulaire, ont tousiours les cours de leurs marées directement de l'Orient à l'Occident.

Posons pour exemple la mer pacifique. Ceux qui nauiguent sur cette mer, & qui font voille de la coste du Perou vers l'Occident, si lors le Soleil est sur l'Equateur. Ils experimentét le mesme vent & marée dans tout ce qu'il y a de cét Ocean subjet à la Zone torride; de sorte qu'ils font en tres-peu de temps,

& en toute seureté poussez aux Molucques. Que si le Soleil est sur les lignes Septentrionaux, le cours de la mer & le soufle des vents tendẽt pareillemẽt du costé Septentrion. Le Soleil estant au Tropique du Cancre, les vents & les marées d'Orient sont apperçeus iusques au 30. degré de Latitude Septentrionalle, & quelquesfois plus loing. Au contraire ceux qui font voille dans les mer de l'Emisfaire du Sud, pour rencontrer ce vent d'Orient sont obligez de s'aprocher de l'Equateur; mais quand le Soleil est aux signes Meridionaux, pour lors les marées & vents d'Orient s'estendent iusques aux 40. degrez de latitude australle; & au contraire ceux qui nauigent dans l'Hemisphere du Nort sont contrains dans cette mer pacifique de decliner au Sud vers l'Equateur pour rencontrer les vents & les marées d'Orient. Et ce n'est pas seulement dans le milieu de la mer pacifique que les marées sont ainsi reglées; mais mesmes dans ses dernieres extremitez; car aux Mollucques & aux Philippines la mer & les vents se gouuernent de mesme. Pendant six mois, depuis Mars iusques en Octobre la mer est poussée vers le septentrion, & depuis Octobre iusques à Mars elle tend du costé du Midy.

C'est la mesme raison pour la mer Atlantique, laquelle, quoy que des costes d'Affrique, elle pousse tousiours ses flots vers l'Occident, il n'en va cependant pas tousiours de mesme, quand à la latitude ou à la declinaison, lors que le Soleil occuppe noſtre ſolſtice, ce vent & ces marées d'Orient nous ſont bien plus voiſines dans les riuages de la Merique, ils donnent iuſques à Cuba & au golfe de Mexique: Et dans l'eſtenduë plus proche de l'Affrique ils pouſſent iuſques à l'onziéme & douzieſme degré de latitude ſeptentrionalle. Mais lors que le Soleil occuppe le cercle meridional, ce flux là ne paſſe pas le quatriéme degré de latitude Nord. Mais auſſi pour lors il s'eſtend bien plus auant vers le Sud; car il paruient iuſques au quarantieſme degré de latitude auſtralle, & quelquesfois plus outre, Or la cauſe de cette plus grande declinaiſon eſt aſſez manifeſte vers la coſte d'Affrique. Car la terre d'Affrique porte empeſchement, laquelle occuppât grande partie de la Zone torride, empeſche la mer de pouuoir s'eſtendre & courir de ce coſté-là les riuages de la Guinée, s'oppoſe à ce que les eaux pouſſent leurs cours naturel du coſté du Septentrion. Mais quand à la mer qui eſt entre la partie la plus occidentalle d'Affrique & le Breſil, ou la mer eſt plus large là; auſſi ce flux s'eſtend plus loing. De ſorte que cette reigle-cy eſt conſtante & perpetuelle aux riuages du Breſil; à ſçauoir, lors que le Soleil a paſſé l'Equinoxial du coſté du Nort, les marées qui vont baignant les coſtes du Breſil declinent & panchent du coſté du Septentrion: Et lors que le Soleil ayant repaſſé la ligne viſite les ſignes du coſté du Sud, pour lors les vents & les marées declinent auſſi obliquement du coſté du Sud.

Reste à traiter de la mer des Indes, laquelle est aussi sujette à la Zone Torride, où il arriue la mesme chose. Depuis le dix ou l'onziesme degré de latitude australle iusques au vingt huict, l'on ne trouue qu'vn seul & mesme vent & vne mesme marée continuels dans cét Ocean, depuis les Isles des Indes iusques aux costes d'Affrique, & l'Isle saint Laurens. Mais quand le Soleil est dans les signes Septentrionnaux, pour lors aussi ces vents & ces marées reglés s'estendent dix ou onze degrez plus outre du costé du Nort, iusques à ce qu'ils soient paruenus à l'Equateur. Et lors que le Soleil parcourt les signes austraux, pour lors, à cause de la declinaison du Soleil les vents & les marées declinent aussi du costé du Sud; car pour lors le cours des vents & des marées tendans à l'occident se font reglemét sentir iusques au trente-sixiéme degré de latitude australle. Et ce que nous auõs dit arriuer à la mer proche des Philipines à & l'Ocean Atlantique vers les riuages du Bresil arriue de mesme à cette mer Orientalle ou des Indes. Car les marées venant à frapper les costes Orientalles d'Affrique, & le détroit qui separe l'Isle saint Laurens de la terre ferme, depuis l'equinoxe du Printemps les marées sont poussées vers le Septemtrion; & quand le Soleil a passé l'equinoxe Automnal incontinent les vents & les marées sont poussez du costé du Sud.

Or touchant ce que nous auons dit, pourquoy dans la mer Atlantique ces marées & ces vents generaux

neraux qui poussent la mer vers l'Occident, declinent tant soit peu vers le Sud, encore qu'il faille deduire la raison pour laquelle ce mesme flux dans la mer des Indes se destourne semblablement vn peu, & mesme quelque peu dauantage de son cours naturel pour pancher du costé du Sud, toutefois parce que pour vne entiere conoissance de la chose, cete cause ne suffit pas, il faut necessairement faire voir vn autre mouuement de la mer, lequel estant connu, nous ferons facilement connoistre l'explication de cette doctrine.

CHAPITRE III.

Le Mouuement troisiéme tousiours contraire au Premier.

OR en outre les deux mouuemens naturels de la mer que nous auons expliquez, il y en a encor vn troisiéme à considerer, lequel quoy qu'il depende du Premier, & soit causé par luy, il luy est neantmoins entierement contraire, puis qu'il tend de l'Occident à l'Orient : Et là où les deux mouuemens dont nous auons traicté cessent, celuy-cy commence. Or tout ainsi que ce mouuement general de la mer s'incline ou du costé du Nord ou du costé du Sud, celuy-cy y est incliné pareillement enuironnant du costé du Nort & du Sud ce mouuement general par vn mouuement contraire; & c'est à la faueur de ce mouuemẽt que les Matelots na-nauigent de l'occident à l'orient. Car comme à cause de ce mouuement general que nous auons descrit, il est impossible dans le milieu de nauiger à l'orient, les plus experimentez Pilotes declinent ou au Nord ou au Sud iusques à ce qu'ils ayent fait rencontre du Vent & de la Marée dont nous traittons. Ainsi ceux qui partent des Philipines pour les costes occidentalles de l'Amerique ayant laissé la Zone declinent iusques aux trente six ou quarante degrez, selon que le Soleil est plus ou moins du costé du Nord, ou du Sud, & rencontrent là infailliblement vent & marée fauorables iusques en l'Isle de Californie. Ceux-la aussi se seruent du méme vent qui partent du costé de Mexique, de la Floride, de la Virginie, & de la Nouuelle Hollande pour venir en Europe, & montent aux trente trois, trente quatre, & en esté iusques aux quarante degrez de latitude nort, & quelquefois mesme plus auant pour auoir tousiours bon vent. Ceux qui sillonnent la mer Atlantique, ou qui partent du Bresil pour Angolle obseruent la mesme chose; car lors que le Soleil est dans les Signes Austraux ils sont contraints de baisser iusques au trente cinq ou trente six degrez de latitude Sud, où ils rencontrent tousiours vent tendant d'occident en orient, mais lors que le Soleil est au Tropique du Cancre il suffit de decliner iusques au 26. & 27. degrez de latitude Sud, iuſques à ce qu'ils ſoient paruenu s aux riuages d'Affrique, ou d'abord qu'ils ſont arriuez. ils trouuent vent & marées fauorables iuſques en Angolle & meſme plus loin. C'eſt la meſme raiſon aux Indes où ceux qui font voille fuyent le milieu de la mer & declinent du coſté du Nord ou du Sud par de là les bornes que nous auons deſignez au Chapitre precedent où l'on trouue perpetuellement le vent d'orient.

CHAPITRE IV.

Explication de la cauſe de ce Mouuement.

L'On peut faire voir l'infaillible raiſon pourquoy ce mouuement de la mer eſt contraire au Premier. Car comme les mers vont perpetuellement d'orient en occident ſous la Zone torride, & ne retrograde jamais, il faut afin que ce flux ſoit continuel qu'il arriue de neceſſité l'vne de ces deux choſes, ou que cette partie des terres d'où les eaux commencent à ſe retirer demeure entierement à ſec, ou que d'autres eaux ſuruenantes ſucceſſiuement rempliſſent cette cauité & ce vuide. Or comme la premiere de ces deux propoſitions eſt fauſſe il faut donc que l'autre ſoit vraye, & que cette diminution d'eaux ſoit reparée par les flots qui accourent des deux coſtez, mais afin que cecy ſe connoiſſe plus facilement, i'eſtime qu'il eſt à propos que ie le fasse voir par vn exemple familier, & qui nous soit ordinaire. Posons donc qu'il y aye vn canal, ou quelque riuiere tranquille A. B. C. D. & qu'vne nacelle E soit poussée en iceluy du costé de-uers G. encor que les causes soient differentes.

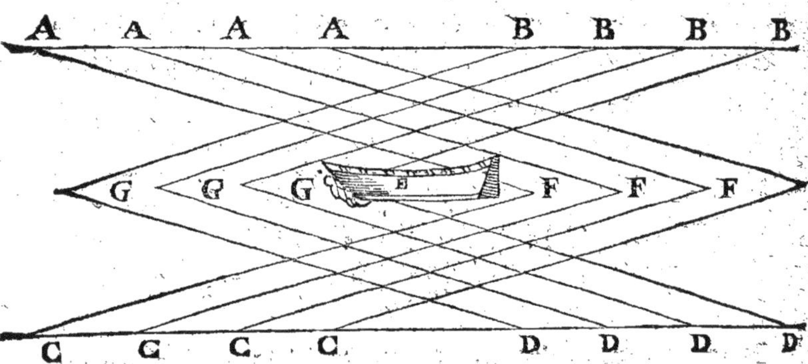

du Soleil qui fait enfler les eaux & de la nacelle qui les pousse de sa proüe, & les éleué deuers G. l'effet neantmoins en est pareil, car comme les eaux accompagnent perpetuellement le mouuement de la proüe & sont mués non seulement de F. mais encor de B. & D. vers G. il s'ensuit de necessité que le cours de l'eau reste plus bas en F. que en G. & parce que les eaux de B. D. & principalement de F. sont perpetuellement poussées vers G. & ne refluent pas incontinent en arriere, & par ainsi la superficie de l'eau deuient plus basse en F. C'est pourquoy cette perte est separée par les eaux de A & G. qui estoient immobiles lesquelles descendent auec impetuosité de haut en bas par la pente naturelle des corps pesans. Or cecy se remarque visiblement par ceux qui sont ou portez dans la nacelle ou qui considerent du riuage; & tant plus le canal est estroit & la nacelle va plus viste, plustost les riuages A. & C. demeurent à sec mesmes auant que la nacelle y soit paruenuë. Au contraire de B. & D. qui sont derriere la nacelle ou les eaux s'enfle tout, d'autant plus qu'elles seront diminuées en A & C.

Or de ce que les eaux décroissent plustost en A. & C. qu'elles ne sont comblée en B. & D. La raison en est éuidente, parce que les eaux qui sont émeuës par la nacelle vers G. sont poussées audessus de leur superficie & de bas en haut, à cause de quoy leur mouuement en est plus lent. Mais quand aux eaux qui coulent en arriere de A. & de C. comme elles fluent de haut en bas, cela fait que leur mouuement en est plus rapide.

C'est ainsi qu'il ne doit pas sébler estrange que deux mouuemens contraires se puissent rencontrer sans que l'vn destruise l'autre & l'aneantisse, car il n'en va pas des corps fluides cōme des solides. Si quelqu'vn fait entrer l'eau mutuellement par les deux bouts de quelque long canal laquelle vienne à se rencontrer, l'on remarquera que les eaux en se rencontrant ne ne se heurteront point auec violence, & ne dissiperont point leurs cours, ains se mesleront paisiblement ensemble, & continueront leurs mesmes cours iusques à ce qu'elles soient paruenuës aux bornes que l'on leur aura destinees. Le mesme arriuera encor si quelqu'vn iette deux pierres dans l'eau à quelque distance l'vne de l'autre, car les cercles qui se font sur l'eau par vn tel mouuement entrent doucement les vns dans les autres, & pour cela ne perdent point ny leur figure ny leur scituation.

De cela l'on peut facilement juger pourquoy les vaisseaux nauigent auec plus de vistesse sur la mer que sur les fleuues & sur les canaux, & plus promptement encor dans les canaux larges que dans les estroits sur lesquels l'on vogue fort lentement, car dans les larges les eaux qui sont poussees en auant n'en éleuent pas beaucoup la superficie, parcequ'elles trouuent de l'espace où elles se peuuent estendre, & ce creux qui se fait derrierre est doucement & insensiblement remply par les eaux qui y suruiennent des deux riues de toutes parts. Ce qui se fait tout au contraire dans les canaux estroits dans lesquels les eaux qui sont poussées en auant par la proüe éleuent beaucoup la superficie qu'elles inondent à cause de la petitesse du canal; & au contraire elles tombent de haut auec violence pour remplir le creux qui est demeuré derriere. Ainsi la proüe des Vaisseaux estant esleuée & la pouppe abbaissée, il arriue necessairement que leur nauigation est fort lente, & certainement si quelque bateau suit vn autre, comme le dernier ne monte pas, mais coulle dans ce creux le plus bas du canal, encor que rien ne le meuue, neantmoins il descendra tousiours de son propre mouuement & paroistra ioint à celuy qui le precede comme s'il y estoit attaché.

Que si l'on desire vn exemple par lequel nous puissions faire voir plus clairement ce flux & reflux le voicy. Supposons vn canal si estroit qu'vne barque chargee ny puisse passer, car si elle touche au fond, & qu'elle ne puisse auancer, & qu'on luy veille donner passage, l'on le fera par le moyen cy-apres. Ayez vn autre barque ou plus petite ou moins chargée laquelle puisse commodément couller par les destroits du canal, si vous la poussez & la faites aller deuant il faut de necessité par ce qui a esté traiété cy-dessus que les eaux qui suruiendront successiuement derriere s'exaussent & s'èleuent, sur lesquelles si vous faites immediatement floter la barque chargee laquelle auparauant touchoit au fonds, pour lors le canal estant deuenu plus profond & plus large elle trouuerra passage, & l'on aura plus de peine à pousser & faire passer la barque vuide qui precede, que non pas celle qui est chargée, par ce qu'elle suiura le vuide de son propre mouuement.

Les eaux descendantes à trauers quelques precipices, cataractes, ou détroits dans vn lieu spacieux ou dans la mer mesme nous pouront assez clairement seruir d'exemple de ce mouuement contraire. Le milieu du canal & ces eaux qui sont poussées en droite ligne par celles qui sortent, entant que ce qui en paroist à la veuë coullent tousiours droit, mais quand à celles qui sont adjacentes de deux costez quoy qu'elles soient necessairement attaintes de ce mouuement, pour cela neantmoins elles ne suiuent pas d'abord le cours du milieu du canal, mais coulent en arriere en tournoyant, que si elles sont moins éloignées du milieu du canal elles courent apres auoir fait vn petit tournoyement que si au contraire elles sont plus éloignées elles font de plus grands tournoyemens, & sont poussees d'vn courrant directement contraire à celuy du milieu du canal, iusques à ce qu'elles soient paruenues à l'entrée de la cataracte; & ainsi enfin elles recommencent vn nouueau tournoyement & sont poussees droit conjointement auec les eaux qui sortent de la cataracte.

CHAPITRE V.

Comment par le mouuement susdit, il se fait restitution dés mouuemens de toutes les mers.

PVISQVE par les choses que nous auons cy-deuant traictees, il me semble que l'on peut assez clairement connoistre vn double courant de la mer qui entourre par son contraire mouuement le flux qui tend continuellement de l'orient à l'occident. L'ordre des choses desire que nous expliquions les moyens & les raisons qui sont pratiquées par la nature pour faire en sorte que le mouuement des mers soit continuel, de peur que les eaux tendant

dant tousiours à l'occident, ne reialissent derriere, ou que les riuages ne demeurẽt à sec. Si le globe de la terre estoit egalemẽt tout couuert de la mer, & qu'en aucun lieu il ne parust aucunes terres, ny que le Soleil ne declinast ny au Nord ny au Sud, mais suiuist tousiours vne mesme route; la face des mers seroit tousiours égale; le milieu de l'Ocean tournoyeroit incessament de l'orient à l'occident, & par vne vne loy egale & continuelle les eaux suruenantes des deux costez restabliroient pareille quantité d'eaux que ce courant general en auroit entraisné, mais d'autant que les terres apportent quantité d'obstacles, & que les aspects du Soleil sont differens, il ne se peut autrement faire que cela ne produise de differens mouuemens à la mer, & afin qu'il soit notoire que ces mouuemens quoy que differents se conduisent selon les diuers aspects du Soleil & les differentes scituations des riuages, il est à propos d'expliquer ce qui se passe dans chaque partie de l'Ocean.

Il faut donc sçauoir qu'encor que les eaux qui affluent des deux costez restablissent l'euacuation qui est faite par le courant de la mer à l'endroit d'où le Soleil s'est desia beaucoup éloigné, neantmoins ce mouuement paroist d'auantage & est plus violent sur les riuages d'où la mer se retire que non pas au milieu de l'Ocean où il y a vne plus grande abondance d'eaux. Considerons premierement la mer pacifique, laquelle fluant des riuages du Perou, de Nicaragua & de la nouuelle Espagne, depeur que ces riuages ne demeurent à sec, reçoit vn double accroissement d'eaux qui luy suruiennent l'vn du Midy & l'autre du Septentriõ. Le courrant qui vient du Nort est tousiours semblable & esgal depuis l'Isle de Californie iusques à Nicaragua. Il y en a vn contraire à celuy-cy lequel est neantmoins tousiours égal & semblable en luy-mesme, c'est celuy qui baigne les costes de Chily & du Perou & pousse incessamment ses flots du Sud au Nord iusques à la hauteur de l'emboucheure du fleuue Tombés. De sorte que dans toute la coste du Perou aucun vent ne souffle que l'Austral, & la mer fluë continuellement du Midy au Septentrion. Dans l'espace qu'il y a entre le fleuue Tombés & l'Isle Puna iusques à Nicaragua, selon que le Soleil est plus au Midy ou au Septentrion, les flots tendent aussi ou plus du costé du Midy ou plus du costé du Septentrion : Ce qui se fait par la raison que nous auons declarée cy-deuant. Quelque part neantmoins que ces flots venans du Midy & du Septentrion viennent à se rencontrer, ils ne se heurtent point, mais ils sont entraisnez par le flux general & ioignant toutes leurs eaux, tendant ensemble du costé de l'occident.

Depeschons maintenant ce mouuement par lequel les riuages d'Affrique sont attaints. Lors donc que la mer se retire des costes de Congo & Dangola, de peur que les terres & le fonds de la mer ne demeurent là à sec, les eaux de la mer y suruiennent par vn double mouuement. Les flots qui y arriuent du costé du Septentrion viennent de la mer Atlantique & des Canaries, baignent premierement le Cap-blanc, puis le Cap-vert, & en suitte moüillent les autres Promontoires iusques à ce qu'ils soient paruenus aux costes de Guinée, d'où par vn canal estroit courant auec impetuosité, ils s'estendent tout le long de cete coste d'Affrique qui est depuis la Guinée iusques à l'Isle de Fernand-Poo. Delà ils courrent au Cap de Loppes Gonsalle & mesme en hyuer quatre ou cinq degrez plus outre. Puis quittant ces riuages ils suiuent le mouuement general courant droit à l'occident, poussans leurs cours tout au contraire de celuy qu'ils auoient tenu peu auparauant, & tant plus ils courent lors auec rapidité deuers l'occident, tant plus ils attirent & engloutissent d'eaux continuellement par ce canal estroit, dont nous auons fait mention cy-deuant.

Il y a encore en cette coste d'Affrique vn autre mouuement, pour reparer cét esloignement de ses riuages que la mer fait sous la Zone torride, lequel accourt du Cap de bonne Esperance vers Angolle & le Cap de Loppes Gousalle, & pousse mesme quelque peu plus auant.

C'est pourquoy ceux qui vont d'Europe en Angolle sont contraints souuent d'aller à l'Isle de Martin-Vas & delà dans les mers du Sud, comme nous auons dit cy-deuant, d'où ils dressent leur route à l'Orient, & apres auoir fait plus de cinq cens lieuës d'Allemagne, ils tournent le Cap vers les costes d'Affrique, & ayant éuité quelques basses de la coste la plus Australe du Royaume de Cimbebe, à sçauoir au vingt ou vingt & vn degré de latitude Australe, ils rangent là la coste, d'où ayant vent & marée, ils viennent au Cap noir, de là en Angolle, & enfin en tres-peu de temps sont portez au Cap de Loppes Gonsalle.

Enfin ces deux mouuemens de la mer se ioignent au Cap de Loppes Gonsalles, où comme nous auons dit quatre degrez plus au Sud, & là ayant ioint ensemble toutes leurs eaux, ils suiuent le flux & le mouuuement general, & courent ensemble du costé de l'occident.

Mais auant que passer plus outre, il est à propos d'obseruer quand & comment le courant que nous venons d'expliquer se gouuerne par vn mouuement contraire dans la coste de Guinee, depeur que si nous oublions cette difference quelqu'vn ne creût que ce que nous escriuons seroient de legeres imaginations.

Quoy que tout homme de bon sens, & qui a quelque experience des choses, sçache ce que nous deuons dire, l'ordre neantmoins requiert que nous aduertissions, que dans cet espace qui est entre les deux Tropiques, & que l'on appelle Zone Torride l'ordre des Saisons de l'année, est tout à fait different des nôtres & de nos Antipodes; car la proximité du Soleil nous donne l'Esté, & son éloignement l'Hyuer, le contraire arriue à tous les peuples generallement, qui sont sous la Zone Torride, à moins qu'il n'y aye des montagnes qui y mettent empeschement. Quand le Soleil s'est éloigné d'eux, ils ont le chaud, & les beaux iours: Et lors que le Soleil est proche d'eux, & notamment quand ils l'ont perpendiculaire pour lors, ils ont du froid & des pluyes, à cause de quoy ils nomment cette saison-cy l'Hyuer & l'autre l'Esté. Doncques lors que le Soleil est dans les signes Septentrionaux les peuples de Guinée & ceux qui sont voisins de ces costes d'Affrique ont l'Hyuer. Il ne souffle pour lors aucuns vents de terre sur cette mer, ou c'est tres-rarement, parce qu'ils sont repoussez par les vents de la mer qui perpetuellement & incessamment soufflent de Louest & du Souduest. Et pareillement dans cette espace dont nous venons de traitter, la mer est continuellement poussée de l'Occident à l'Orient iusques au Cap de Loppes Gonsalle, ainsi que nous l'auons dit. Mais au mois de Septembre quand le Soleil tourne du costé du Sud, pour lors le froid & les pluyes diminuent peu à peu, & les mois suiuans ils ont l'Esté & les beaux iours, particulierement en Decembre & en Ianuier, ou pour lors sont leurs grandes chaleurs, & le Soleil estant fort éloigné les vents de terre prennent le dessus, celui-là particulierement qu'ils appellent Hermantas, & qui prouient du Sudest. Il ne souffle neantmoins pas incessamment; mais la plus part du temps, depuis les trois ou quatre heures apres midy iusques à minuict. Il souffle pour le moins trois ou quatre iours, quelquesfois quinze iours, mais rarement il continuë dauantage. Pour lors aussi se change ce courant de la mer duquel nous auons parlé, & pousse ses eaux vers l'Occident auec beaucoup de violence. Mais comme les vents ne sont point stables en ces lieux, le flux de la mer y est aussi inconstant; car presque tous les iours il se trouue des vents aussi bien que des marées qui se repoussent l'vn l'autre, c'est pourquoy ceux qui nauigent en ces quartiers ne se commettent gueres en cette saison là à la mer & aux vents, à cause de leur inconstance. Les trois mois suiuans, qui sont Mars, Auril, & May, les vents de mer & des terres soufflent presque alternatiuement: Et quoy que ces vents soufflent auec beaucoup de vehemance, pour cela neantmoins ils ne surmontent pas tousiours la marée, quoy qu'ils la retardent, ou la suspendent: Enfin au mois de Iuin les vents de terre cessent, & les Occidentaux, & de Sudouest reuiennent & soufflent continuellement iusques en Decembre, parce que pour lors le Soleil estant plus voisin, selon ce que nous auons dit, poussant les plus proches parties de l'Ocean vers l'occident restressit de necessité ce canal, qui baigne les costes de guinée, & qui repare incessamment le deffaut des eaux, que le mouuement general a entraisnées, & ces eaux ainsi resserrées courent auec plus de vehemence deuers l'Orient, & par ainsi repoussent facilement tous les vents qui peuuent suruenir du costé des terres.

Quand le Soleil repasse deuers le Sud, parce que pour lors le cours des eaux decline deuers l'occident, & que les eaux restablissantes s'espandent plus au large; cela fait qu'elles courent plus lentement vers l'Orient, & par ainsi elles ont moins de force pour repousser les vents de terre. Mais afin de connoistre cecy plus au vray & plus clairement, nous desduirons aussi plus au long les mouuements de la mer des Indes.

Nous auons dit, que le premier mouuement de la mer des Indes; sçauoir, celuy qui accompagne tousiours le Soleil, & qui est la seule & principale cause de toutes les autres marées se termine entre l'Equateur, & le 36. degré de latitude Australle ou enuiron, nous auons aussi traitté des declinaisons qui sont causées par l'Esté & par l'Yuer; à sçauoir, que quand le Soleil est du costé du Sud, ce mouuement ne passe pas outre le dix ou douziéme degré de latitude Australle. Et quand le Soleil arriue au Tropique du cancre, nous auons fait voir que ce mouuement qui suit le Soleil n'est pas apperçeu par delà l'Equateur. La raison pour laquelle ce mouuement ne passe pas plus outre, doit estre tirée de la scituation des terres. Car comme la mer des Indes du costé qui regarde le Nord est toute enuironnée de terres, & ne reçoit aucunes mers du costé du Septentrion comme en reçoiuent les mers pacifique

& Atlantique, il ne doit pas sembler estrange si là où il suruient moins d'eaux pour reparer la diminution qui se fait par le cours du mouuement general, là aussi le canal de ce courant tendant à l'Occident soit plus petit & plus estroit. Si les terres n'apportoient aucun obstacle du costé du Nort, ce mouuement general de la mer qui suit le Soleil s'étendroit autant au large dans la mer des Indes, qu'il fait dans les mers pacifique & Atlantique, & paruiendroit iusques au Tropique du Cancre & mémement plus loing. Mais comme la mer des Indes est enfermée de toutes parts du costé du Septentrion, comme dans vn Golfe par les riuages de l'Afrique de l'Asie, & des Isles adjacentes; la raison veut que cette mer ainsi enuironnée, & qui ne reçoit communications des autres mers, que par les petits canaux & détroits qui sont entre les Isles, ou n'aye point de mouuement, ou du moins se meuue lentement & difficilement, afin que l'accroissement & le descroissement des eaux soient proportionnés. Lors donc que le Soleil est du costé du Sud, ce mouuement qui tend à l'Occident cesse dans la mer des Indes iusques au dixiéme degré de laditude Australle, & se ressent finallement au dessous de la coste Australle de l'Isle de Iaua.

Mais le Soleil ayant repassé l'Equateur, & lançant ses rayons dans les Signes du Septentriõ, ce courant de la mer dont nous venons de traitter, s'estend deuers l'Occident iusques à l'Equinoctial. Et pour lors

lors il descend des eaux de la mer Australle pour replacer celles que le courant precedent a entraisnées. Et il suruient aussi des eaux consecutiues du costé du Nord en eschãge decelles qui ont esté emportées par ce flux, sans pour cela que les parties les plus Septentrionalles de l'Ocean s'abaissent, ny que les riuages de la mer des Indes demeurent descouuerts. D'autant que l'Ocean affluant de l'Orient & courant aux riuages orientaux de l'Affrique, lors qu'il a attaint & outrepassé le Cap le plus Septentrional de l'Isle Dauffine, il ne se brise pas contre le riuage, ou ne rebrousse pas en arriere, mais il biaise premierement au Nordouest, puis au Nord, & par apres au Nordest. Car premierement il raze les prochains riuages de l'Affrique iusques au Cap de gardafuis & en suitte, il baigne les costes d'Arabie, puis de rechef il moüille tous les riuages des Indes, & ainsi il repare le decroissement des eaux dont nous auons parlé; en sorte que le mesme mouuement de la mer se puisse continuer.

Quant aux saisons de l'année elles se gouuernent le long des costes de la mer des Indes, tout ainsi que nous auons dit qu'elles font aux riuages de guinée. Quand le Soleil passe l'Equateur du costé du Nord, & que les marées & les vents dont nous auons parlé accourent des bords de l'Ethiopie & de l'Affrique deuers les costes d'Arabie & des Indes, pour lors dans cét Ocean & dans toutes les terres qui sont entre l'Equateur & le Tropique du cancer il fait Hyuer, par tout ou ces vents d'Occident & Sudouest Regnent, l'a aussi regnent le froid & les pluyes qui commencent à la fin d'Auril, & finissent en Septembre. C'est là leur hyuer. Au regard de l'Esté il commence là en Septembre & finit en Auril: De sorte que en Decembre & en Ianuier, ils sont au plus fort de leur Esté, & pour lors soufflent les vents de terre le vent d'Orient de Nordest, non pas continuellement neantmoins, mais depuis minuict iusques à midy. Et depuis midy iusques à minuict les vents d'Occident de Sudouest regnent derechef, lesquels soufflent par tout l'Ocean les vents de terre dont nous auons parlé ne s'estendent pas plus de dix lieuës auant à la mer.

Encore que ce que nous venons de dire se practique generallement; à sçauoir, qu'entre les Tropiques les marées & les vents d'Occident amenent l'hyuer, & ceux d'Orient l'Esté, neantmoins dans les contrées où il y a de hautes montaignes interposées, il en arriue tout au contraire. Quand dans cette peninsulle de l'Inde où est Goa, & le Royaume de Malabar, l'hyuer est d'vn costé l'Esté est de l'autre. Parce que le vent d'Occident qui amene la pluye & le froid à Goa & aux Malabares, ne pouuant contrepasser la montagne de Gate ou ogate, qui trauerse toute la peninsule, decline ou rejallit necessairement, ce qui cause des tonneres & des tempestes espouuantables. Et pour lors dans le Royaume de Coromandel, qui leur est si voisin qu'il n'y a que la montagne entre-deux, ils ont nonseulement le calme, mais encore les beaux iours de l'Esté.

Il en arriue de mesme à Gardafouy, qui est le Cap le plus Oriental de toute l'Affrique, comme aussi à Rosalgate, qui est pareillement le Cap le plus Oriental d'Arabie, là ou à cause des hautes montagnes qui s'éleuent en ces lieux, les saisons si gouuernent ainsi que nous venons de dire. Là l'Yyuer & l'Esté sont simplement diuisez par le seul faist des montagnes. Ceux qui voguent sur ces mers s'aperçoiuent en si peu d'espace de la difference des vents & des marées, que ceux qui sont sur vn mesme vaisseau voyent souuent la Ciuadiere estre poussée en auant, & le grand Pacfy, ou la grande voille par vn vent contraire estre poussée en arriere. Enfin cela ne se pratique pas là seulement, mais en quantité de lieux entre les Tropiques, & par tout où de hautes montagnes se trouuent tendantes du Midy an Septentrion.

CHAPITRE VI.

Que toutes les eaux de l'Ocean ont leur Cours circulaire, & retournent au mesme point dont elles sont parties.

NOvs auons si ie ne me trompe traitté assez amplement, tant du mouuement de l'Ocean entre les Tropiques, que de l'autre mouuement qui enuironne celui-là des deux costes. Voyons presentement par qu'elle voye les mers sont poussées lors qu'elles s'éloignent trop de ce premier mouuement qui suit le Soleil, & duquel nous auons dit que tous les autres despendent. Considerons la mer, soit que nous la nommions Atlantique ou autrement: Enfin celle là qui est entre la Merique l'Europe & l'Affrique. Nous auons dit, que dans cette mer le mouuement du milieu, qui est celuy qui suit le Soleil, est continuellement poussé des riuages d'Affrique vers le Bresil, & les parties les plus Septentrionalles de la Merique, là ou estant paruenu il ne rebrousse pas, mais se separe en deux, & court vne partie vers le Sud, & l'autre vers le Nordouest. Que si le Soleil est dans les signes Austraux, lors particulierement il decline au Sud & au Sudouest; mais si le Soleil est dans les signes du Nord pour lors il court entierement à Louest, ou au Nord ouest, baignant premierement la coste Septentrionalle du Bresil, puis les riuages de la Gaianne & ceux qui suiuent, iusques à l'Isme & au Golphe de Mexique; Delà biaisant & tournant obliquement il passe auec vitesse au trauers du Détroit de Bahama, & d'vne moitié baigne la Floride la Virginie, & toute la coste Septentrionalle de l'Amerique, & de l'autre moitié il court droit à l'Oriet iusques à ce qu'il aye attaint les riuages opposez de l'Europe & de l'Affrique, d'où il court derechef au Sud, & se rejoint au premier mouuement comme nous auons dit, & ainsi tournoye perpetuellement.

Si quelque nauire partoit de l'Europe au commencement du Printems, par exemple de la mer de France voisine de l'Espagne, il se peut faire, que quoy que sans voilles, ayant toûjours vent arriere & marée, il feroit quatre mille lieuës d'Allemagne, & se retrouueroit au lieu d'où il seroit party ; car premierement il seroit poussé aux Canaries, & aux costes Occidentalles d'Affrique, delà ayant passé le Cap blanc, le Cap verd, & Serrelyonne, il sera porté aux riuages de Guinée. D'où il sera poussé au Cap de Lope Gonsalles, ou quelque peu plus outre. Delà il changera sa route & ira au Bresil. Que si il aborde à ses riuages les plus Meridionaux il declinera vers le Sud, & sera poussé vers l'Orient au trauers la mer Australle. Mais s'il arriue à la coste du Bresil tant soit peu plus au Nord ils suiura le courant que nous auons descrit, & ayant vogué par toute l'estenduë qu'il y a iusques au Golfe de Mexique, il sera ramené par le Détroit de Bahama aux costes de l'Europe, iusques à ce il aye paracheué son tour.

Telle est la reuolution de nos mers. Et il en est de mesme des mers Pacifique & des Indes, ce qui se fait par les mouuemens que nous auons expliqués, & n'estoit qu'elles roulent circulairement leurs eaux, elles resteroient par tout immobiles. Delà l'on peut voir la raison pourquoy la mer Mediterranée & principalemẽt les mers qui sont le plus éloignées, du Soleil, ont fort peu de flux, ou point du tout.

Encor que ce tournoyement continuel des mers fust plus remarquable, si les costes des terres s'estendoient vniment en rond, mais quoy que cela ne soit pas, ces mouuemens-là neantmoins paroissent si clairement en l'Ocean, qu'en tous les lieux où les costes ont quelque chose de circulaire le flux & le reflux des mers tiennent reglement cette figure. Comme les parties opposées d'vn cercle sont toûjours poussée d'vn mouuement contraire, la mesme chose se void aussi en la mer, quand entre les Tropiques la mer est poussée de l'Orient à l'Occident, lors les mers qui sont proche de nous, & sont paraleles à celle-là courent de l'Occident à l'Orient, quand la mer qui moüille la coste orientale du Bresil court du Nort au Sud, lors les mers qui sont opposées à celle-là & sont voisines des costes de Cimbebe, de Congo & Dangolle fluënt du Midy au Septentrion, lors que la mer qui baigne le riuage Septentrional du Bresil, la Gayenne Venesuela, les Hondures & le Iucatan, court de l'Orient au Couchant. Pour lors la mer qui rase les costes de Guinée & de Benin court de l'Occident au leuant. Quand la mer qui est depuis les Hondures & le Iucatan iusques au destroit de Bahama court deuers la Floride & la Virginie, c'est à dire du Sud au Nort, pour lors aussi les mers de la coste d'Affrique qui sont opposées & qui s'estendent depuis le Destroit de Gibraltar iusques en Guinée courent du Septentrion au Midy.

Ce courant de la mer est continuel, quand le Soleil est dans les signes du Nord. Mais quand il a repassé l'Equateur, & est dans les signes du Sud, à cause que pour lors dans les riuages susdits le mouuement de la mer s'arreste, ou deuient contraire comme nous l'auons dit, neantmoins la mesme raison du mouuement de circulation reste toûjours, parce que pour lors aussi la mer court du Nord au Sud dans le détroit de Bahama, & aux costes de Mexique & de Hondure, lors dans les costes d'Affrique opposées, & qui s'estendent du Cap verd au détroit de Gilbraltar. Il se fait vn contraire mouuement de la mer qui court du Midy au Septentrion. Quand depuis les Hondures iusques au Cap le plus Oriental du Bresil la auec fluë d'Occident à l'Orient, lors aussi pour le plus la mer qui moüille les costes de Benin & de Guinée court d'Orient à l'Occident. Et ainsi au surplus.

Or de ce que ce flux n'est pas égallement apparent par tout, il n'en faut point chercher d'autre raison que l'inegalité des canaux par lesquels coulle l'Ocean, & le propre naturel des choses requiert, que là où le canal est plus estroit là, le cours des eauës soit plus rapide, & comme il y a raport d'vn canal à l'autre il y en a de mesme aussi de vitesse à vitesse.

I'aduoüeray neantmoins que les vents de terre, & qui paroissent estre formés par hazard troublent quelquefois cét ordre de nature, mais il nous doit suffire d'auoir expliqué le mouuement general, qui est tellement courant & reglé en luy-mesme, que s'il y arriue quelque changement, cela se fait seulement dans des temps qui sont certains & reglés. Et c'est la mesme raison qui cause le flux de l'Ocean qui meut aussi celuy des Golphe les plus éloignez & de toutes les autres mers. Par tout les eaux roulent circulairement. Dans le Golphe Adriatique la mer est poussée suiuant les costes de Dalmacie & de Croacie iusques au fonds du recoin de Venise. De là par vn mouuement contraire elle rase la coste d'Italie. Ce qui arriue également par toute la mer Mediterranée, ainsi que dans la mer Adriatique. Et quoy que le flux de cette mer ne soit pas si remarquable que celuy de l'Ocean, & qu'en plusieurs endroits les marées y sont presque inperceptibles & soient facilement interrompües par les vents de terre, il se remarque neantmoins que c'est la mesme raison qui les fait mouuoir. Le lõg de la coste de Barbarie la mer court de l'Occident à l'Orient à cause de l'entrée des eaux de l'Ocean par le destroit de Gibraltar qui courent en ce lieu contre le cours du Soleil comme nous l'auons desia dit. Mais dans les costes d'Italie de France & d'Espagne qui sont opposées, les courans sont poussez d'orient en occident. iusques à ceque ils viennent à la rencontre de l'Ocean au destroit de Gibraltar, par où vne partie venant à sortir, l'autre estant repoussée decline aux costes de Barbarie & autres ensuiuant iusques à ce que

que poussée par l'Ocean elle aye acheué le tour de la Mediterranée.

Dans la partie la plus Orientalle de la mer Mediterranée qui baigne la Syrie & l'Egypte, il se void la mesme chose, car là aussi les mers roulent en tournoyant, mais par vne autre raison, nature & la constitution de la mer le requerant ainsi. Quoy que la mer Mediterranée soit separée de l'Ocean & esloignée de la Zone Torride, elle ne laisse pas d'être agitée des mesmes mouuemens, bien que à la verite ils soient fort petits. Car comme elle est moins esloignee du cours du Soleil, que ne sont le Pont Euxin, où les mers Caspie & Baltique, & qu'elle s'étende beaucoup plus loing de l'Orient à l'Occident, il ne doit pas sembler estrange que comme ces autres mers ne sont enflées par aucun flux qui soit sensible, celle-cy se ressente au moins en quelque chose de son plus grand voisinage du Soleil. Elle fluë donc de l'Orient à l'Occident; & quoy que ce flux ne soit pas fort remarquable, cela toutesfois se peut obseruer de luy, que les nauires qui partẽt de Syrie & d'Egypte arriuent plûtost au Détroit de Gibraltar, que ne font celles qui vont de ce detroit en Sirie. Et cette nauigation se feroit encor plus promptement, si le long des costes de Barbarie le flux qui vient de l'Ocean venant à la rencontre ne retardoit la nauigation, d'où l'on peut voir que le courant des parties les plus occidentales de la Mediterranée est dominée par l'Ocean qui le fait tournoyer, & qu'en la partie la plus orientale de la Mediterranee où l'Ocean ne paruient iamais ou fort rarement, le courant des eaux y fait le cours du Soleil, mais comme ce mouuemett est contraire au premier, la mesme raison du mouuement de circulation demeure cependant par tout. La mer d'Egypte le plus souuent se meut d'orient en occident, la mer de Pamphilie tout au contraire d'occident en orient. La mer Egée du costé qu'elle baigne l'Asie court du Nort au Sud, & du costé que la mesme mer Egée moüille la Macedoine & la Trace elle flüe du Sud au Nord.

Enfin si l'on considre tout ce qu'il y a de mers au monde, l'on y trouuerra par tout vne mesme reuolution à moins que les courans de l'Ocean ne l'empeschent entierement, ou que ces mers ne soient par trop éloignées du Soleil. Dans nostre Detroit de Calais le long de la coste de Flandre, le courant va du Sudouest au Nord : & le long de la coste d'Angleterre qui est à l'opposite, le mouuement est contraire & court du Nord au Sud, l'on peut remarquer la mesme chose dans les Golphes de l'Ocean, ainsi que dans ceux de Perse & d'Arabie, & dans les autres plus petits. Les emboucheures des fleuues qui sont les plus grandes souffrent mesmement cette reuolution, ainsi que celles de la Meuse, de la Seine de la Garonne & de plusieurs autres.

CHAPITRE VII.

Par quel moyen la mer est meuë dans les Détroits & lieux resserrés.

MOn intention n'est pas de faire recit de tous les Détroits de la terre habitée, non plus que de ses courans anniuersaires, & les vents qui en certains temps de l'année reglez courent en plusieurs canaux de l'Ocean ; Suffit que j'aduertisse, que si l'on obserue reglément les mouuemens que nous auons expliquez, l'on sçaura par là sans beaucoup de peine quels vents & quelles marées il doit regner en chaque saison de l'année dans tous les Détroits.

Si l'on veut sçauoir quel est le cours de l'Ocean au Détroit de Gilbraltar, duquel nous auons parlé cy-deuant, l'on le connoistra aisément. Par le mouuement de l'Ocean, lequel par tout, depuis l'Equateur iusques là est contraire au cours du Soleil. La mer fluë à l'Orient presque continuellement par ce Détroit, particulierement deuers la coste de Barbarie ; & à peine ce courant est interrompu par vn contraire, la quatriesme ou la cinquiesme partie du temps. Pendant le iour & la nuict les mers refluent seulement cinq ou six heures, au lieu qu'elles fluent dix-huict. Pour cela neantmoins il ne faut pas croire que les eaux de la mer Mediterranée doiuent croistre à l'infiny, à cause que l'Ocean fluë si long-temps, & qu'il reflue si peu. La nature elle mesme a mis ordre à ce que cela n'arriue. Car dans ce costé du Détroit qui joint l'Espagne, le cours de la mer y est la plus part du temps contraire. Et les eaux y sortent de la Mediterranée pendant huict heures, & rentrent de l'Ocean seulement pendant quatre, & par ainsi chaque mer cõserue son mouuement. Il en est presque de mesme au Détroit, qui est entre la France & l'Angleterre, auquel l'entrée est beaucoup plus aisée à ceux qui viennent du costé de l'occident, que n'est la sortie à ceux qui partent de Hollande.

Si quelqu'vn va dans la Zone temperée de l'Hemisphere du Sud, il trouuera la mesme chose vraye. Posons pour exemple le Détroit de Magellan. Les Pilotes le fuyent comme le lieu du monde le plus difficile à nauiger, parce que l'on dit que là se fait rencontre & concours des deux Oceans, ce qui esmeut de prodigieuses tempestes. Mais certainement ceux qui ont cette opinion ne connoissent point la nature des eaux. Veu que le confluant des mers amene plustost le calme que la tempeste. Les eaux s'entrerencontrant ne se heurtent pas comme les corps solides, mais sans violence elles entrent l'vne dans l'autre, & se meslent sans faire bruit. Iusques-là mesmes, que l'on peut voir deux vagues esleuées comme des montagnes se rencontrer sans faire aucun mugissement ny bruit esclatant, mais rendre encore la face de l'eau plus vnie, & c'est la seule raison de l'esgal contrepoids des eaux qui produit cét effet. Mais pour reuenir au Détroit de Magellan, il y a vne autre raison pour laquelle quelques-vns ont souffert tant de difficultez en le passant, c'est en effet pour auoir contreluité la marée, laquelle à moins que d'estre empeschée par des vents de terre est en ce lieu là tousiours contraire au Soleil. Il regne tousiours vn mesme flux, & vn mesme courant dans tout ce Détroit, qui est causé par la mer pacifique, que l'on appelle vulgairement la mer Australle. Ce courant est tres-impetueux dans la partie occidentalle du Détroit, & particulierement dans ces lieux resserrés, qui sont enuiron à trente lieuës de l'embouchure du costé du couchant. La partie la plus Orientale du destroit, laquelle s'eslargit peu à peu, & s'estend iusques à soixante & deux lieuës, quoy qu'elle soit attainte du mesme flux, est neantmoins esmeuë plus tard & plus lentement, tant qu'à cause du long interualle, le flux y paruient plus tard, qu'à cause aussi que le canal estant plus large il diminüe de son impetuosité, & de telle sorte, qu'il est facilement repoussé par les vents fortuits, ou plûtost par les vents de terre. Il ne se faut donc pas esmerueiller si ceux qui sont entrez dans ce Destroit par le costé de l'Orient ont souffert de grands trauaux, Mais aussi Pierre Sarmient qui retourna chez luy par l'entrée

Occidentalle du Destroit, le trauersa facilement, & presque sans aucune peine.

Les marees qui se rencontrent dans les destroits du milieu de la Zone Torride sont de mesme nature, si ce n'est, qu'à cause de la diuersité des saisons, & la situation des riuages, ils ayent differens flux & reflux, quoy que reglez. Dans le destroit qui est entre Sumatra & Malacca, la mer fluë du Sudest au Nordouest, lors que le Soleil est dans les signes du Nord : Et lors qu'il est dans les signes du Sud, la mer court du Nord Ouest au Suded. De ce que nous auons dit de la mer des Indes, l'on peut connoistre quels sont les courans du destroit qui est entre Sumatra & Iaua. Car en esté, depuis la fin d'Auril iusques à la fin d'Octobre, comme la mer flüe d'Orient en Occident, l'entrée est difficile dans ce destroit. Et au contraire la sortie est tres-aisée à ceux qui partent de Battauia pour retourner en Hollande. Mais depuis Nouembre iusques à la fin de Mars l'entree pour lors en est tres-aisée à ceux qui viennent du costé de l'Occident. Et au contraire ceux qui de Battauia font voille du costé de l'Occident, ont pour lors beaucoup de peine à passer ce destroit: De maniere que s'ils sont pressez, ils sont contrains de faire le tour de l'Isle de Iaua. Premierement ils voguent le long du riuage Septentrional de cette Isle, puis ils passent le destroit qui est entre l'Isle de Bali & le Cap de Palimboa, delà ils rasent la coste Australe de l'Isle de Iaua: De sorte qu'il leur est plus aisé de courir plus de trois cens lieuës, que de passer ce destroit, qu'en d'autres saisons de l'année ils peuuent passer en peu d'heures. Or de ce que dans toutes les saisons de l'année, malgré ce mouuemement annuel les flots passent ce destroit, tant d'vn costé que d'autre cela se fait auec l'aide des marées, qui de six heures en six heures viennent tous les iours.

CHAPITRE VIII.

Le mouuement iournalier de l'Ocean suit la loy du mouuement general.

COMME il est non seulement vtile mais necessaire à ceux qui nauigent de sçauoir de dessous quel degré du Ciel partent ces marées quotidiennes qui par toutes les contrées du monde affluent deux fois en vingt quatre heures, & refluent autant de fois; il ne faut pas oublier vne regle generale selon laquelle ces mouuemens-là doiuent estre gouuernez: Il faut donc sçauoir que ce flux quotidien ou iournalier suit par toute l'estendue de la terre & des mers ces mouuemens generaux que nous auons expliquez. Les riuages qui reçoiuent le courant de la mer qui suit le Soleil, comme sont ceux du Bresil, de la Gaiane, de Madagascar, autrement l'Isle d'Auphine & plusieurs autres reçoiuent aussi pareillement le flux quotidien du costé de l'orient. Les riuages de l'Amerique Septentrionalle qui sont opposez à l'Europe reçoiuent le flux de la mer du costé du Sud, ou du Sudouest, selon qu'ils sont plus ou moins crochus. Les riuages de l'Europe qui sont exposez à l'Ocean ont le flux du costé de l'occident, parce que tel est aussi le mouuement de l'Ocean. Les riuages de Guinee & de Benin reçoiuent pareillement le flux du costé du Couchant. Mais dans cette coste d'Affrique qui court presque depuis le Cap de Loppo Gonsalles iusques au Cap de Bonne Esperãce ce flux quotidien y vient du costé du Sud. Il en est de mesme des riuages de Chili & du Perou, où ce flux vient pareillement du Sud. Enfin dans l'extremité du Septentrion, aux riuages de Spits Bergh de Groneland, &c. quand le cours de l'Ocean moüille les costes, le flux quotidien y roulle pareillement ses eaux. Que si il arriue que la raison des courans generaux soit changée, la raison du flux quotidien est pareillement changée; c'est pourquoy les marées affluent vne partie de l'année aux riuages de Nouerge, & en refluent l'autre. Et il en est de mesme des mers des Indes & de la Chine. A Goa & à Cochim, le flux court au riuage quand le Soleil est dans les signes d'Esté : Mais quand il est dans les signes d'Yuer le flux s'esloigne du riuage aux costes les plus Meridionalles de Tunchin & de la Chine, pendant les six mois d'Esté le flux quotidien court du costé du Nort auec l'Ocean. Mais quand le Soleil repasse du costé du Sud, le flux quotidien decline aussi de mesme costé; Enfin ce flux quotidien

conſe conforme en tous lieux aux mouuemens generaux de l'Ocean, dont nous auons traitté cy-deuant.

CHAPITRE IX.

D'où vient qu'en beaucoup de lieux les flux & reflux de l'Ocean, ſe paracheuent en differents eſpaces de temps.

QVoy que la queſtion aye ſemblé difficile à beaucoup, pourquoy dãs certains deſtroits, & particulierement dans les emboucheures des fleuues la mer fluë & reffluë dans des interualles inegaux, ceux-là neantmoins auroient peu facilement ſe releuer de ce doute, qui ayans eſtudié cette queſtion auroient eſpluché ſoigneuſement le contrepoids & les mouuemens de l'Ocean.

Donc pour ce qui regarde le contrepoids de la mer, la ſeule raiſon nous apprend, que plus l'enflure ſe fait grande, dautant plus ſe fait grand l'abaiſſement. Tant plus il y a d'abaiſſement le mouuement ſe fait violent. Et comme le plus fort mouuemẽt accable le plus foible. Il eſt éuident, que ſi deux maſſes d'eaux viennent à ſe rencontrer le mouuement qui ſe fait d'vn plus haut lieu, & qui a plus de pente ſera plus remarquable, & reſſenty plus aiſement. Mais comme les cours des riuieres ſont touſiours panchants, & que le flux de la mer de ſix en ſix heures s'enfle ou s'arreſte; la raiſon du contrepoids requiert, que tantost le cours des riuieres deuienne plus viste ; à sçauoir, quand la marée s'areste, & que tantost il se retarde ou soit repoussé ; à sçauoir, quand la marée monte. Mais certainement les marées ne montent pas d'vne mesure esgalle, puisque en quelques endroits à peine elle monte trois ou quatre pieds, & en d'autres elles s'enfle iusques à plus de soixante : De sorte, que selon la diuersité des abords, & des lieux la marée chaque heure s'éleue quelquefois dix pieds, & quelquefois pas vn : Enfin il est à propos selon la Loy de nature, que le cours des riuiers soit tantost plus viste, tantost plus lentement arresté, ou repoussé. C'est pourquoy s'il y a quelque fleuue qui coulle si lentement, qu'au moindre flux de la mer, il s'arreste ou rebrousse les temps du flux & du reflux y seront esgaux. Que si la marée est vne heure de temps à vaincre & repousser le courant du fleuue, pour lors la mer ne fluera que cinq heures & encor moins, mais elle en refluera sept. Que si le courant de la mer employe deux heures à vaincre celuy du fleuue, la mer ne fluera que quatre heures, & elle en refluera huict, & ainsi du reste.

Que si quelqu'vn entend bien les mouuemens de la mer que nous auons expliquez, & sçait en quels riuages elle fluë directement ou obliquement il pourra aussi aisement sçauoir en quels endroits la mer flüe ou reflue en plus ou moins de temps. Il faut donc obseruer qu'en pluſieurs deſtroits & emboucheures de riuieres où la mer court ſeulement obliquement elle y flüe moins de temps, & y reflue dauantage. La mer ne flue que quatre heures dans les emboucheures du Niger & du Senega, & en reflue huict. Il en eſt de meſme au Fleuue de Canada, à la Meuſe, & enfin preſque à toutes les emboucheures des riuieres, par deuant leſquelles la mer court de biais. Il faut remarquer que par tout où le flux de la mer entre obliquement le cours impetueux des riuieres ſe diminue de quelque partie.

Mais les deſtroits & les emboucheures des riuieres où la mer entre directement, & à plein cours ſe gouuernent tout au contraire. Car comme la mer auec toute l'abondance de ſes eaux emplit entierement le canal, & preſſe les bords des riuieres, il faut de neceſſité que leurs eaux venant à la rencontre rebrouſſent & ſoient repouſſées, ce qui fait que neceſſairement la mer flue plus long-temps qu'elle ne reflue, & d'autant plus long-temps que le cours des riuieres rebrouſſe plus loing. Dans la Garonne la mer flüe ſept heures, & en reflue cinq. A la ville de Macao, la mer monte huict ou neuf heures de temps & ſe retire en trois. De l'autre coſté du détroit de Gilbraltar, & en pluſieurs autres détroits & riuieres, il ſe void le meſme.

Cecy ſe doit ſeulement entendre des emboucheures des riuieres. Car ſi elles ſont tellement ſcituées que la mer y entre auec violence à pleine emboucheure, & y auance fort loing, pour lors la condition des emboucheures & des parties plus éloignees sera fort differente. L'experience fait foy que les marées qui entrent fort auant dans les riuieres, & s'opposent à leur courant montent beaucoup plus lentement qu'elles ne redescendẽt, & qu'autant qu'il a esté englouty d'eaux en 8. ou 9. heures de temps, il en est autant repoussé en trois ou quatre. Au reste il est constant par les escrits de Beda que cette difference & inegalité des flux & des reflux dans les détroits & dans les fleuues, & mesmes sur les riuages de la mer à jadis esté obseruée, ce qui se void aussi par le Traitté des Merueilles de la Sainte Escriture, lequel mal à propos l'on attribue à saint Augustin, quoy qu'il aye esté compilé par vn certain sçauant Anglois en l'année 660. Ceux-là appellent les moindres marees Ledones, lesquelles pendant la quadrature de la Lune fluent & refluent esgalement. Et les hautes marées qui viennent pendant la pleine & la nouuelle Lune, ils les appellent malines, lesquelles ils asseurent monter cinq heures, & en baisser sept. Les marees montent encore moins de temps à Cambaye, & à Martabane, mais nous en traiterons cy-aprés.

CHAPITRE X.

D'où vient cette difficulté que souffrent les voyageurs pour passer la ligne Equinoctialle.

IL est constant par les choses que nous auons dites, que le milieu de l'Ocean scitué sous la Zone Torride s'enfle dauantage que les autres mers. Si du moins nous considerons la premiere tumeur, & non pas cét autre qui est causée par le courant oblique des eaux, laquelle à proprement parler n'est pas vne enflure, mais vn mouuement de progression & de reciprocation. Or plusieurs voyageurs remarquent cette enfleure des eaux sous la Zone Torride, lors qu'ils ont autant de peine à passer l'Equateur, que s'ils montoient quelque haute buste. Mais certainement si cette montagne d'eaux commençoit au lieu où premierement ils ont peine à auancer ils descendroient facilement, ce qui se fait tout autrement. Quelques-vns pour resoudre cette question disent que la surface de la mer est plus basse sous l'Equateur, & que les Nauires estant là arriués y sont arrestez comme dans vne fosse, c'est pourquoy ils ont de la peine à s'en desgager. Mais ces gens-là raisonnent aussi foiblement que feroient delà que le courant des fleuues seroit plus bas au milieu qu'aux bords, parce que dans les Fleuues rapides les vaisseaux & autres corps qui surnagent tiennent tousiours le fil de l'eau, & le milieu du courant, & ont de la peine a estre poussez aux bords. Or il ne se peut faire que la superficie des fleuues soit plus basse dans le milieu, ou particulierement se conseruent les eaux. C'est pourquoy il faut chercher vne autre raison qui nous explique la verité de cecy.

Voicy comme la chose va. Ceux qui partent de nos mers pour aller dans l'autre Hemisphere, & dans les mers du costé du Sud lors qu'ils sont sous la Zone Torride serōt poussez facilement sous l'Equateur, & comme de leur propre mouuement, l'a où estant paruenus, les vaisseaux ne peuuent aller ny auant ny arriere, ou du moins auec beaucoup de peine, sans pouuoir estre arrachez de la par le vent & la marée, qui vont perpetuellement d'Orient en Occident, d'où il paroist, que quoy qu'il y aye calme sous l'Equateur cela ne laisse pas d'arriuer, iusques là qu'il s'est quelquesfois passé trois ou quatre mois, auant qu'ils ayent peu sortir de cet embarras. S'il y auoit là calme continuel qui ne fust iamais interrompu par aucuns vents, ce passage seroit fatal à la pluspart des Voyageurs. Ce qui fait voir clairement, si ie ne me trompe, que la tumeur de la mer sous la Zone Torride, ne commence pas ou se rencontre la premiere difficulté de passer outre, mais quand les vaisseaux sont arriuez au lieu où ils ne peuuent auancer ny reculer, pour lors ils sont au lieu le plus esleué de la tumeur.

Il paroistra sans donte merueilleux comment il se peut faire que des vaisseaux puissent facilement monter vne montagne d'eaux, & qu'estant au sommet ils ayent infiniment de la peine à en descendre: mais l'on peut monstrer comment cela se fait par vn exemple assez éuident. Soit pris vn petit vaisseau ou de verre ou de quelque autre matiere qui soit emply d'eau iusques à A. B' si les bords sont moüillez, la superficie de l'eau paroistra quelqué peu plus haute autour des bords A. B. que dans le milieu. Que l'on mette en suitte vne coque de noix ou vne boulle de verre creuse par dedans, ou quelque autre plus legere que l'eau, l'on remarquera qu'elle se se rengera au bord, & gaignera le plus haut & le fera d'autant plus viste qu'elle sera proche du bord.

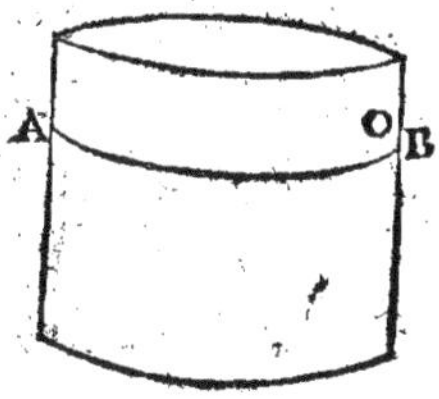

Que l'on verse en suitte tout doucement d'autre eau, & que le vaisseau soit emply en sorte que l'eau soit plus haute que les bords, & surpasse la hauteur A. O. ainsi qu'en cette autre figure, aussi-tost l'on verra que les petits corps quitteront les bords & montant vers le milieu s'arresteront en I ou en E.

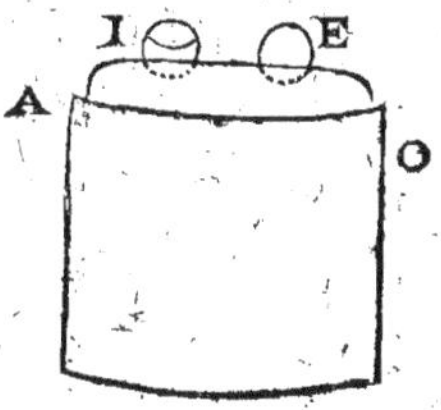

Que si vous remettez d'autres petits corps flotans qui soient plus pesans que l'eau, comme quelque petit morceau de fer ou d'airain, ou de quelque autre metail, vous verrez le contraire, car les pesans descendront à la plus basse partie de l'eau A. & O. Et pour lors ces petits corps surnageans dont nous auons parlé, se mouueront successiuement, car quand les pesans tendront aux bords, les legers iront au milieu, & au contraire quand les legers monteront aux bords, les pesans baisseront au milieu.

Par là l'on void que les eaux sont plus pressées en A. & O. que dans les parties qui montent plus haut, puisque tous les corps qui sont plus legers que l'eau en sont repoussez.

Ce n'est pas pour cela qu'il s'ensuiue que l'eau soit pressée par l'eau, car vn semblable ne souffre point par l'autre, mais l'on peut seulement induire de là que les corps les plus legers sont pressez par les plus pesans, quoy que les plus pesans ne soient point pressez par les plus legers. Si vous mettez quelque corps plus pesant que l'eau sous la superficie d'icelle, il ne souffrira aucunement, mais les corps qui sont plus legers que l'eau tant plus ils sont profondement plongez, d'autant plus ils sont pressez du poids de l'eau, & remontent aussi auec d'autant plus de vistesse sur sa superficie lors qu'ils sont en liberté. Leau ne presse point l'eau, mais seulement ce qui est plus leger qu'elle, & tant plus l'eau aura de poids, d'autant plus grande sera la pression; ce que vous pourrez esprouuer par cette exemple. Supposons le vaisseau A. B. au fonds duquel soit mise vne planche de bois C. D. Il est certain que si vous

vous verſez de l'eau cette planche de bois viendra ſur la ſuperficie de l'eau, parce qu'elle eſt plus legere que l'eau, mais que l'on perce le fonds & ſoit fait le trou G. pour lors la planche ne montera plus, mais ſera preſſée par le cylindre d'eau

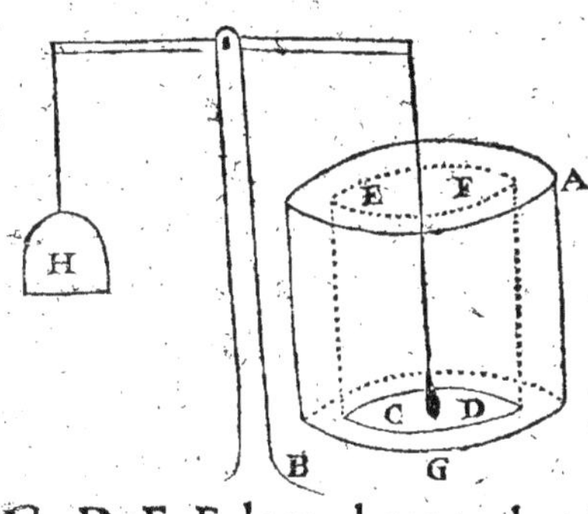

C. D. E. F. lequel tant plus il ſera grand, plus il faudra de force pour enleuer la planche C. D. Que ſi on appoſe vne balance, vous trouuerrez que pour enleuer la planche C. D. il faudra que le poids H. exede la peſanteur du cylindre d'eau C. D. E. F.

Et l'on ne doit point obiecter qu'il faut que la preſſion ſe faſſe en ligne perpendiculaire & nō pas ſelon ces poincts qui ſont éloignez de la figure perpendiculaire, car encor qu'en la precedente figure la maſſe de leau preſſe l'air qui eſt deſſous en ligne directe & perpendiculaire, il n'en eſt pas de meſme à l'eſgard des eaux enfermées, & qui ne trouuent aucune ſortie, car comme le naturel de tous les corps peſans eſt tel que non ſeulement ils tendent au centre de la terre en ligne directe & perpendiculaire, mais auſſi en ligne courbe & oblique s'ils ne le peuuent autrement, il eſt donc manifeſte pourquoy vne ligueur enfermée dans vn vaiſſeau ne trouuant point de ſortie plus baſs'éleue &

s'efforce de sortir en l'air, & presse les corps qui sont ioignant les bords & les pousse en haut s'ils sont plus legers que l'eau.

Que si cette raison n'est pas la seule, au moins elle me semble la principale, pourquoy sous la Zone Torride les vaisseaux sont poussez d'vn mouuement violent vers l'Equateur, & quoy que ce mouuement attirant se peut sentir de plus loin, l'on l'a remarqué plus particulierement neātmoins de deux ou trois degrez; car tant plus l'on est voisin de l'Equateur, l'on court auec dautant plus de violence à ce cercle du milieu du monde. Et cela n'arriue pas seulement dans cette mer qui est entre l'Affrique & l'Amerique, il en est de mesme dans toute la mer Pacifique, & les Pilotes euittent là aussi le milieu de la Zone Torride. Neantmoins dans cette mer qui est entre les costes orientales d'Affrique & les Isles des Indes, la difficulté de passer l'Equateur dont nous venons de parler ne se rencontre pas, la raison de cela se peut facilement connoistre par les choses que nous auons dites auparauant.

Il ne doit point aussi sembler estrange pourquoy le Soleil s'éloignant de l'Equinoctial, & estant directement sur les Tropicques ne fasse pas là aussi la mesme chose que nous auons dit qu'il faisoit sous l'Equateur; comment aussi il se peut faire que ce mouuement par le moyen duquel les mers declinent au Nord & au Sud n'entraisne pas, ou du moins ne fasse incliner cette tumeur que iusques à present nous auons d'escripte. Mais certes la raison de cecy est tres-claire, puisque la seule raison du contrepoids requiert que les eauës tendent-là ou le mouuement est le plus viste, c'est à dire au cercle qui est le plus grand de tous. Si quelqu'vn fait tournoyer de l'eau dans vn vaisseau, l'on verra aussi-tost que cette eau & les corps qui nagent dessus s'esloigneront du centre, & se retireront au plus haut & au plus grand cercle, c'est à dire aux bords du vaisseau.

De cecy l'on peut encore facilement inferer pourquoy il se fait que les galleres & toutes sortes d'autres vaisseaux pendant la haute marée s'esloignent des riuages, & se retirent en pleine mer, ou comme l'on l'appelle ordinairement en haute mer, quoy que quand la mer fluë elle soit plus basse au milieu que sur les riuages. C'est la mesme raison des abismes ou des goulfres ainsi qu'ordinairement ils sont nommées. Car on croid que la mer est plus basse en ces lieux, & qu'elle s'abisme dans de profondes cauernes, quoy que par tout où il y a de ces Caribdes & de ces gouffres, & de pareils endroits en la mer que les Flamands appellent Mael-Stroomen, la Mer si esleue, à ce qu'il s'en peut discerner par la veuë le fonds de la mer n'est point plus profond ny cauerneux en ces lieux: mais au contraire, il est plus esleué, & pour la plufpart il y a des écueils sous l'eau qui la font esleuer, car par tout où le fonds de la mer s'enfle, la superficie s'enfle aussi. Mais parce que les vaisseaux tendent au mouuement le plus esleué, cela fait que souuent ces lieux-là sont funestes aux mariniers, s'ils n'y preuoient à temps. C'est pourquoy ceux qui se trouuent en ces dangers, & qui iettent leurs hardes à la mer, ne gaignent autre chose, sinon que tant plus ils deschargent leurs vaisseaux, & plus promptement ils font naufrage.

CHAPITRE XI.

La masse de l'eau est dilatée par le chaud, & est resserrée par le froid.

ENcor que les exemples & l'experience iournaliere nous enseignent assez, & nous conuainquent que l'eau est resserrée & condancée par le froid, & estenduë & rarefiée par le chaud, il y a neantmoins quelques-vns qui le nient, & particulierement pour deux raisons. Ils disent donc, si la masse de l'eau se pouvoit diminuer & resserrer, il arriueroit que deux Cylindres d'égale continence, mais d'inegale hauteur, estant emplis d'eau, il en contiendroit dauantage dans le plus haut que dans le plus bas, parce que dans celuy-là les eaux de dessous seroient plus pressées que dans le plus court. Mais cette maxime est fausse, puis que aucun corps fluide ou homogenée de même nature ne se presse soy-mesme. L'eau sur l'eau & l'air sur l'air n'ont aucun poix l'vn sur l'autre.

L'on tire delà vne autre consequence, que si l'Ocean & les mers s'enfloient & se rarefioient par la chaleur, il arriueroit que lors que la mer seroit enflée, les nauires enfonceroient plus bas que quand elle seroit basse, mais cét argument-là ne cõclud rien, puisque les mers dans leurs plus haute enflure ne s'éleuent pas de la six milliesme partie de leur corps, comme nous montrerons cy-aprés; car encore que les vaisseaux s'enfoncent dauantage, cette difference neantmoins est imperceptible.

Ils ne disent pas vray, non plus quand ils alleguent que l'eau par aucune force ne peut estre resserrée en vn plus petit corps. Il faut mesme quelque force pour resserer l'air. Mais comme l'eau est presque mille fois plus dence ou plus espaise que l'air; il faut aussi presque mille fois plus de force pour condancer & resserer l'eau que l'air. Cela a lieu, non seulement dans les corps liquides, mais aussi dans les solides. Car tant plus vn corps est pesant & pressé, d'autant plus grande doit estre la force qui le resserre en plus petite espace. Si nous posons donc que l'or soit vingt mille fois plus pressé que l'air, il faudra aussi vingt mille fois plus de force pour resser l'or que pour resserrer l'air. C'est-là même raison pour dissoudre auec le feu. Tant plus vn corps est serré & fortement pressé, d'autant plus violente doit eſtre la chaleur ou le feu qui diſſoudra ce corps & le rarefiera.

Enfin l'on remarquera qu'auec peu de chaleur ou peu de froid, l'eau peut-eſtre eſtenduë ou reſſerrée ; ſi l'on prend vne bouteille de verre qui aye le ventre large & l'emboucheure eſtroitte & ſoit pleine d'eau froide, & que l'on la plonge dans de l'eau chaude ou tiede ſimplement. Apres le premier reſſerrement qui n'eſt que d'vn moment, & qui au ſoudain attouchement, fait tant ſoit peu baiſſer l'eau froide, mais incontinent apres elle ſe hauſſera & le fera à proportion de la hauteur de l'eau chaude qui l'enuironnera par dehors. Que ſi vous chauffez tant ſoit peu l'eau qui eſt dans la fiolle de verre, & la plongez dans de l'eau froide, vous verrez tout le contraire : car d'abord l'eau chaude hauſſera tant ſoit peu à cauſe du ſoudain attouchement de la froide, qui faiſant effort de chaſſer par l'emboucheure la chaleur encloſe au dedans pouſſe l'eau par meſme moyen, & ce mouuement eſtant paracheué en vn moment, la maſſe de l'eau ſe reſſerre ſenſiblement & s'abbaiſſe à la plus baſſe partie de lorifice.

CHAPITRE XII.

La mesure des plus hautes marées, & les lieux où elles se font.

OR comme l'eau ainsi que tous les autres corps, selon les degrez differents de chaleur ou de froid, ou selon qu'elle est pressée par vne autre corps peut-estre estenduë ou resserée reste à faire voir la mesure des plus grandes marée de l'Ocean. Encore qu'en plusieurs lieux, comme en la manche de Bristol, au Mont S. Michel, & ailleurs, quelquesfois le flux monte iusques à soixante & dix pieds & plus, il ne faut pas pourtant tirer cela à consequence, principalement parce que ce mouuement là prouient d'vne autre cause dans les golfes de nôtre mer, comme nous ferons voir cy-aprés. Mais afin que nous sçachions la premiere mesure du flux, il faut esplucher combien s'enflent les mers qui sont entre les Tropiques, non pas simplement sur les riuages, mais dans le milieu de leur canal, & là ou elles sont le plus profondes. Or par la generalle obseruation, il est constant que la mer ne monte pas là plus de deux ou trois pieds, mesmement il ne se trouue pas deux paulmes ou vn pied de difference entre les plus grands accroissements & decroissemens, non seulement à l'Espagnolle à Cuba, la

Iamaicque, & aux Caribes, mais presque par toutes les Isles du milieu de l'Ocean, soit qu'elles soient situées dans les mers pacifique, Indicque, ou Atlantique. Si est-ce neantmoins que la marée monte vn peu plus que dans la plaine estendüe des mers où il ne se rencontre aucunes Isles. Si donc nous faisons vne iuste supputation, nous trouuerrons qu'entre la plus grande & la plus petite enflure de la mer, il se trouuera vn pied de difference.

Que si la mer s'enfle fort peu ou elle est tres profonde, cette tumeur sera imperceptible qui arriue aux bords, sur lesquels neantmoins le flux paroist dauantage. Supposons le fond ou le canal de la mer A. B. C. & que sa superficie soit A. D. C.

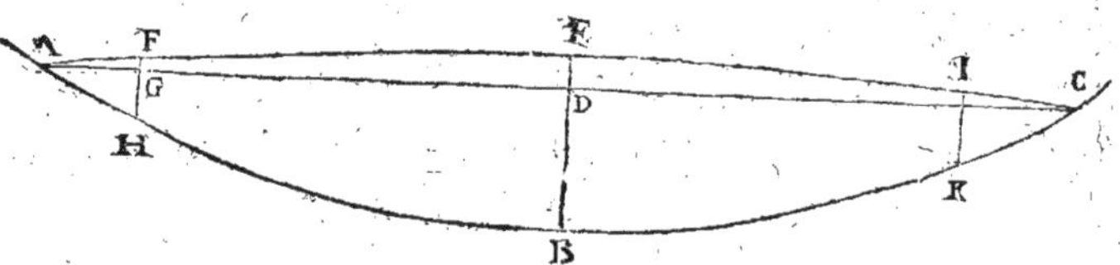

Que la plus grande enfleure D. E. soit d'vn pied. La plus grande profondeur de la mer D. B. soit de deux mille pas, ou de douze mille pieds. Or si toute la mer là ou elle est plus profonde ne s'enfle que d'vn pied, il est certain qu'aupres des riuages, c'est à dire F. H. ou à I. K. l'éleuation du flux ne sera pas cõceuable. Car si D. B. c'est à dire douze mille pieds donnent D. E. c'est à dire vn pied, & que l'on donne à G. H. cent pieds de profondeur pour lors l'éleuation

leuation en G. F. ne passera pas la six-vingtiesme partie d'vn pied.

L'on void donc pourquoy la mer s'enflant dans le milieu, les flots tendent tousiours aux riuages. Ce neantmoins les Sçauans Escriuains dans la connoissance de la mer & des eaux objectent que cette pente Mathematique ne suffit pas pour causer ce reflus, mais qu'afin que les eaux puissent fluer, il faut qu'il y aye pour chaque mille pas pour le moins six doigts de pente. Mais ces Messieurs les capables n'entendent pas eux-mesmes ce qu'ils disent, quand ils mesurent le cours des eaux auec les yeux & les sens, & ayant connu la vistesse du courant ils croient bien connoistre le penchant du canal, comme si l'eau courant ou descendant auoit tousiours la vistesse de son cours esgallement proportionnée. Il n'y a si petite inegalité dans la superficie de l'eau qui ne suffise pour causer du mouuement; & quoy que dans le commencement il soit imperceptible la longueur de l'espace & la continuation l'ayant augmenté, il se rendra assez remarquable, particulierement si les eaux coulent par vn panchant qui soit vny, & nullement raboteux. Mais encore que la regle de ces capables Praticiens puisse auoir lieu, quelquesfois dans les Fleuues, dans les Estangs, & autres eaux contenuës dans des canaux de petite estendüe, cela neantmoins ne fait rien à nostre question, puis qu'il y a bien de la difference auec l'Ocean. Car encore que la mer s'enfle particulierement au milieu, neantmoins, parce que le Soleil n'est pas tousiours perpendiculaire sur mesme poinct, mais successiuement s'auance tousiours vers l'Occident, par consequent la mesme tumeur & esleuation n'est pas seulement sur les seuls espaces qui sont directement sous le Soleil, mais aussi sur tous leurs points, laquelle tumeur le mesme panchant suit tousiours & n'abandonne iamais: La premiere esleuation toutesfois restant tousiours à cause de ces eaux dont nous auons parlé, qui successiment y accourent des deux costez; mais de telle sorte, que tant plus elle s'éloigne du milieu, & que la mer se trouue estre moins profonde, d'autant moins la suiuante superficie de la mer se trouue esleuée, si pour le moins nous auons esgard à l'éleuation des eaux qui se fait sur les riuages, mais si nous considerons les eaux qui affluent du milieu de la mer par le mouuement de progression, elle se trouuerra plus haute, & son cours plus rapide que celuy du milieu de l'Ocean.

CHAPITRE XIII.

Pourquoy l'éleuation du flux est plus grande dans les riuages qu'au milieu de la mer.

MAis voyons si nous pourrons rendre plus clairement raison pourquoy le flux s'éleue si fort aux riuages, quoy qu'il s'enfle si peu dans le milieu de l'Ocean. Il semblera sans doute estrange à plusieurs, & contre les regles de la Mathematique que le point d'où les mers découlent n'estant pas esleué de plus d'vn pied par dessus le reste de leur superficie, dans les riuages neantmoins ou le flus donne, il s'éleue quelquesfois iusques à plus de quatre-vingt pieds de haut, quoy que la raison du contrepoids ne semble pas permettre qu'il puisse seulement s'éleuer d'vn pied. Mais il resulte de ce que nous auons traitté peu auparauant qu'il y a deux mouuemens à considerer. Le premier est celuy par lequel les mers sont enflées par tout, mais principalement au milieu, lequel veritablement estant consideré seul, le flux seroit imperceptible aux riuages. L'autre mouuement est sans doute vn effet du premier, quoy qu'il deuienne bien plus vehement & plus remarquable, & ce dautant plus qu'il s'éloigne de son origine. Quand donc la mer à l'arriuée du Soleil commence à s'enfler, incontinent elle est poussée vers l'Occident, c'est à dire du costé que le mouuement se trouue plus panchant. Mais, parce que le Soleil ne cesse pas d'agir, & que toûjours successiuemẽt de differentes parties de la mer se trouuent exposees à ses rayons, necessairemẽt aussi la vistesse de ce mouuemẽt qui suit le Soleil est augmentée. Car comme il se fait restitution & renouuellement de pente à tous les points qui se trouuent directement sous le Soleil, il ne se peut faire autreque le cours des eaux ne soit entretenu. Soit la superficie de la mer A. G. laquelle ayant le Soleil perpendiculaire s'enfle & s'éleue iusques à B. Il est certain que les eaux couleront par la pente qui est de B. à D. Mais pendant que les eaux coulent ainsi, le Soleil qui suruient les fait aussi enfler: De sorte que le Soleil estant directement sur le point D. de cette partie de la mer s'est aussi enflée, & s'esleue iusques à C. De maniere que le panchant vny B. D. monte à B. C. & deuient paralelle de la superficie A. D. En suitte dequoy le Soleil venant à passer sur la pente C. F. elle vient aussi à s'enfler, tant qu'elle se soit esleuée iusques à C. E. & deuienne paralellelle de la superficie D. F, Il s'en fait de mesme de la pente E. G. & elle s'enfle par mesme moyen, & ainsi de suitte.

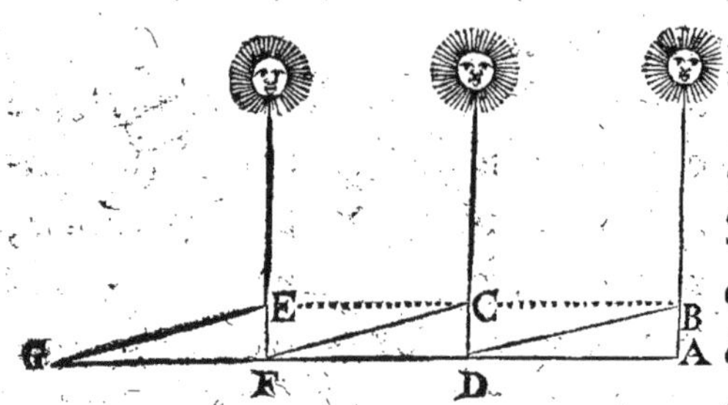

Il est donc manifeste que le flux de la mer, ainsi que la Viz d'Archimede descend tousiours en montant. Mais comme tous les corps pesans augmentent leur mouuement en descendant; par là il se void pourquoy dans les riuages le flux de la mer est plus esleué, & paroist dauantage que dans le milieu de l'eau où commence le courant.

Il ne faut neantmoins pas croire que ce mouuement de l'Ocean s'augmente tousiours par la mesme raison que fait le mouuement des corps pesans qui roulent par vn panchant vny. Les grands continens, les Isles & l'inegalité de la profondeur y apportent empeschement, les mouuemens circulaires y mettent encore obstacle, & quelques-fois mesmes le deffaut des eaux qui deueroient suruenir retarde ce mouuement ou l'arreste. Et quoy qu'il n'y fust fait obstacle par aucunes terres ny Isles, & que la mer noyast toute la face de la terre, & roullast sur vne superficie Mathematiquement vnie: Il est bien certain que l'eau augmenteroit tousiours la visteße de son cours, mais non pas que cela se peût égaller à la visteße du Soleil qui fait quinze degrez par heure.

CHAPITRE XIV.

Pourquoy les marées sont plus grandes dans les Zones temperées que dans la Zone Torride.

IL n'est pas besoin de grand raisonnement pour monstrer que les marées qui se font dans la Zone temperée sont plus grandes que celles de la Zone Torride, puisque presque tous les Sçauans en demeurent d'accord. Prenons pour exemple les mers voisines des nostres. Le flux monte soixante & dix pieds, & quelquesfois dauantage au mont ſaint Michel à Briſtol, & en d'autres endroits des coſtes de France & d'Angleterre. Il en eſt de meſme dans la Zone temperee du coſté du Sud, la mer fluë plus de ſoixante pieds de haut aux enuirons du fleuue Gallegos, au deſtroit de Magellan, & aux riuages voiſins de la terre Del-Fuego, Quant aux flux de la Zone Torride, quoy qu'ils montent beaucoup, c'eſt toutesfois infiniment moins que la meſure cy-deſſus. Mais afin de comprendre mieux ces choſes, il faut faire grande difference des flux qui arriuent aux Iſles qui ſont ſcituées au milieu de la mer d'auec ceux des riuages plats, comme auſſi de ceux qui arriuent dans ces Golfes qui entrent auant dans les terres.

Or dans les Iſles ſcituées au milieu de la Zone Torride, cõme eſt celle de ſainte Heleine & les autres, dont nous auons fait mention cy-deſſus, la mer dans ſon plus grand flux ne s'eſleue point plus d'vne coudée ou deux pieds pour le plus. Que s'il arriue quelquesfois que la mer monte dauantage; Il faut attribuer cela aux vẽts & Ecnephiens, c'eſt à dire ſecs & turbulens, ou à d'autres vents qui toutesfois ſont tres-rares dans les mers eſloignees du continent de la terre. Mais dans ces Iſles qui ſont fort eſloignees de la Zone du milieu, comme ſont la Hetlande, & les douze Iſles nommées Faros, & pluſieurs autres ſciſes dans le milieu de l'Ocean de la Zone temperee, ou pour le moins fort eſloignées du continent ou des grandes Isles, les plus hautes marees montent enuiron à quatre pieds de haut.

Dans les riuages qui sont droits, & qui reçoiuent de front l'Ocean de la Zone Torride, tant dans le Bresil qu'en beaucoup d'autres lieux le flux monte rarement plus de sept ou huict pieds ; mais dans les costes des Païs-Bas, & dans celles de France & de Portugal, ils sont beaucoup plus grands.

Quoy que dans la Zone Torride il y aye beaucoup de longs Golfes, qui receuans l'Ocean par vne large entrée sont par apres resserrez dans vne espace fort estroit, & font par ce moyen de hautes marées, l'on fait neantmoins particulierement mention de deux, l'vn est le Golfe de Cambaye, & l'autre celuy qui s'estend depuis la ville de Martabana iusques à celle de Pegu. Quand la mer flue dans ces Golfes, elle s'éleue de quatre-vingt deux pieds, Et entre le Mont saint Michel & Auranches le flux monte quatre-vingt pieds, & quelquesfois plus. La marée monte enuiron de mesme hauteur à Bristol.

Encore que la raison pour laquelle les marées sont plus grandes dans les Zones temperees que dans la Torride, & pourquoy elles s'augmentent dauantage, tant plus elles s'esloignent de leur principe soit assez palpable, par ce que nous auons dit au Chapitre precedent ; Il se trouue neantmoins encore vne autre raison sans replique, par le moyen de laquelle, il est aisé de prouuer qu'il faut necessairement que cela arriue. Il faut donc considerer deux mouuemens en la Zone Torride, la tumeur, & le mouuement de progression. Mais encore que le Premier cause le second, si nous voulons neantmoins parler auec raison, ce n'est pas la tumeur qui fait le flux sur les riuages, mais le mouuement de progression ; car certainement ce mouuement de progression est plus foible & plus lent dans la Zone-Toride que daus la nostre, non pas seulement à cause qu'il est plus proche de son principe, mais aussi par ce que ce mouuement-là ne finit pas icy, mais ou decline à costé, ou bien rebrousse apres auoir fait vn petit cercle, & se retourne engloutir dans le creux qu'il auoit laissé derriere. Posons pour exemple les costes du Bresil. Quoy que l'Ocean semble courir vers elles, neantmoins ils ne les heurte pas fortement, mais ou decline a costé comme nous auons montré cy-dessus, ou apres auoir fait vn cercle recoulle derechef auec autres les eaux qui sont des deux costes pour remplir le creux qu'il auoit laissé derriere: par ainsi les flux qui arriuent en ce lieu-là & ailleurs sous la Zone Torride, ne sont la pluspart point reciproquez par les mouuemens de progression, & de regression, ainsi qu'en nostre Zone; mais sont compensez par les eaux qui affluent de costé, à cause dequoy ils sont moins violents. Or ces eaux qui ne refluent point, mais qui passent outre, & qui tiennent le chemin que nous auons dit. Quoy qu'elles qu'elles retournent à leur principe, apres auoir beaucoup tournoyé, parce que toutefois qu'elles font de grands cercles, dont les parties considerées en particulier approchent plus du mouuement de droite ligne, partant leur mouuement est bien plus vehement que celuy des premieres, & l'est d'autant plus que ces cercles sont plus droits & plus proches du but où ils tendent. Il faut neantmoins remarquer, que s'ils s'floignent trop de leur principe, soit vers le Nord ou vers le Sud, ils mollissent peu à peu, veu que l'experience nous apprend que les marées sont bien moindres à l'extremité du Septentrion qu'au tour de chez nous. Il paroist neantmoins que l'Ocean court de ce costé-là. De ce que ceux qui vont au Printemps & en Esté à la pesche des Balaines ne sont quelquesfois pas quinze iours à aller de Hollande au Spitsberg, quoy que ordinairement il soient deux fois autant de temps pour reuenir.

Quelqu'vn demandera peut-estre pourquoy le mouuement de l'Ocean, estant si rapide dans la Zone temperée, & dans la froide la nauigation ne se fait pas plus promptement là où le mouuement est le plus prompt. Mais certainement la raison de cecy est tres-claire Puisque dans le milieu de la Zone Toride les eaux courent tousiours vers l'Occident, & ne refluent iamais au milieu de l'Ocean, par ainsi le cours est presque tousiours esgal. Mais dans les autres Zones où la mer refluë par la mesme route qu'elle a flué, il eſt impoſſible que les nauires ne ſoient beaucoup retardez par le courant contraire quelque petit qu'il puiſſe eſtre.

CHAPITRE XV.

D'où vient que ſur quelques riuages, il n'y a point de flux ou ils ſont de tres-petits, & en d'autres les marées y ſont hautes & preſques incroyables.

NOus auons parlé de la difference des marées de la Zone temperée, & de celles de la Zone Torride: Reſte maintenant à expliquer la cauſe generalle pourquoy par toute la terre dans des trajets proches, & meſmes ſur des riuages voiſins, aux vns les marees ſont tres-hautes, & aux autres le flux & le reflus y ſont quaſi imperceptibles. Beaucoup ont remarqué que les marées ſe font tres-hautes dans les Golfes qui reçoiuent la mer par vne emboucheure fort large, & qui par apres vont beaucoup en eſtreſſiſſant. Encore bien que cette raiſon ſoit vraye, toutesfois elle ne ſuffit pas ſeule, parce que il eſt certain qu'il ſe trouue beaucoup de Golfes, qui eſtant tres-larges dans leurs emboucheures deuiennent fort eſtroits, dans leſquels toutesfois les marées ſont infiniement baſſes. Mais afin que nous ayons vne entiere connoiſſance de ce faict, il faut remarquer que le flux de la mer hauſſe, & baiſſe à proportion en quelque façon de la ſcituation des terres voiſines des deux coſtes, mais beaucoup plus à proportion de la ſcituation & de la nature du fond de deſſous l'eau. Par tout où le fonds des riuages eſt creux & profond, & que la riue eſt droite & eſcarpée, la marée eſt tout à fait petite. Mais où les riuages que la mer couure ſe hauſſent lentement, là les eaux s'éleuent tres-hautes, & ce d'autant plus haut le penchant que ſera lent & imperceptible. Suppoſons la mer.

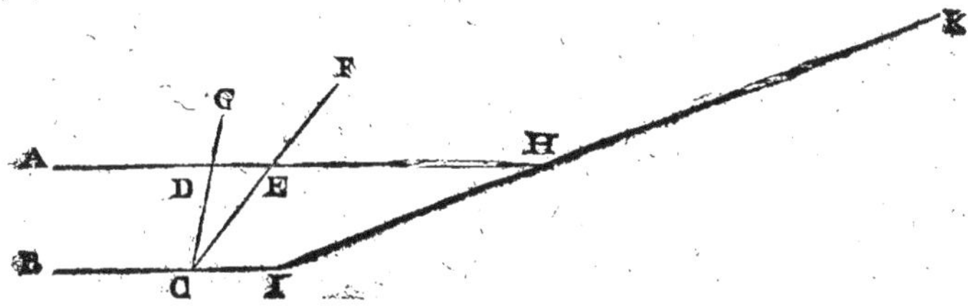

A. B. C. D. courant de toute ſa maſſe, & lors que la marée ſera la plus forte de A. B. deuers C. D. pour lors ſi le riuage eſcarpé C. D. ſe rencontre les eaux, s'éleueront peu ou point du tout en D. Mais parce que les eaux frappent ce point fortement comme tombant ſur des Angles droits, il arriue que toute la force de l'eau y eſt conſommée, ce qui fait qu'elle s'éleue peu ou point, & demeure au meſme mouuement qu'elle eſtoit auparauant. Que ſi le canal par lequel le flux arriue eſt plus panchant, & ne ſe termine pas à B. C. D. Mais à E. C. B. le choc de l'eau ſe fait certainement moins violent au riuage C. E. aussi veritablement les eaux monteront plus haut vers F. qu'elles n'ont fait à D. Et ce d'au-

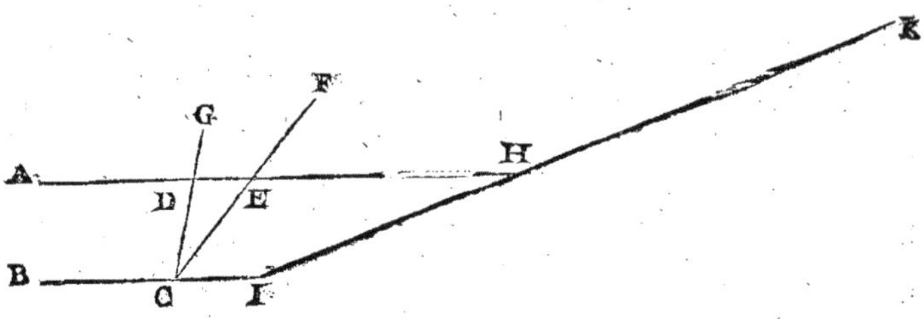

tant plus que l'Angle B. C. F. est plus ouuert que l'Angle B. C. G. Mais si le canal par lequel la mer est poussée à vne pente si legere que l'estenduë du fonds B. C. H. soit presque en ligne droite, pour lors le flux se fera tres-grand. Et quoy que si nous considerons le seul contrepoids, la mer ne doiue pas monter plus haut que H. Toutesfois, parce que le mouuement de la mer qui se fait de A. vers H. n'est point rompu ny affoibly au poinct H. mais se conserue non seulement en son entier, & mesme s'augmente en auançant, parce que tant plus les eaux sont resserrées. D'autant plus elles fluent impetueusement; c'est pourquoy elle court de toute sa force à K. & s'estend là non seulement plus loing mais aussi plus haut que non pas à D. & à E.

Mais la raison du haussement & baissement de ces marées ne doit pas estre comparee auec sera corps, qui par vne force ou vn poids determiné se poussent où sont attirés par vn panchant vny, parce que si cela estoit les eaux s'éleueroient bien plus haut, puisque telle qu'est la proportion perpendiculaire vers le panchant vny, telle doiuent estre aussi toûjours où le pois qui attire, ou la force qui pousse vers le corps poussé, ou le pois attiré, & que par ainsi vne Liure en perpendiculaire suffira pour esleuer quelque pois que ce soit à telle hauteur que l'on voudra par vn panchant doux & vny; mais il nous faut icy cõparer l'éleuation du flux dont nous auons parlé auec les corps, qui estans lancés montent seulement à certaine hauteur à mont des panchans vnis. Supposons vn vny Horisontal A. B. qui aye C. D. perpendiculaire. Il est certain, que si vous jettez vne balle, ou quelque autre petit corps Spherique de A. vers C. qu'elle ne montera pas vers Mais qu'elle retournera vers A. par la mesme droite ligne qu'elle estoit venuë. Que si la mesme balle est poussee auec mesme force de A. vers le

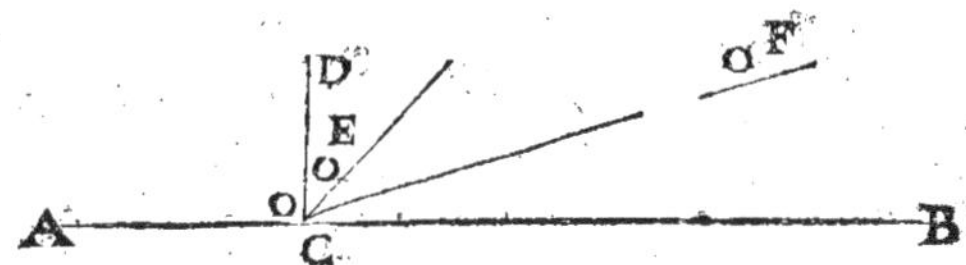

penchant vny C. E. quoy qu'elle heurte à C. elle montera neantmoins plus haut; à sçauoir à E. Or si la mesme balle poussée par la mesme force de A. monte l'vny C. F. elle ne sera pas seulement portée plus loing, mais aussi plus haut; à sçauoir à F.

Que si quelqu'vn veut experimenter ou examiner cela plus diligemment, il trouuera tousiours que la balle ou autre chose poussée augmentera ou diminuera son mouuement à proportion de l'ouuerture de l'Angle contre lequel elle aura heurté.

Or pour reuenir à nostre sujet, cette raison-là est si certaine, que si quelqu'vn parcouroit toute la terre il ne trouueroit seulement pas facilement vn lieu, où la mesure des marées ne soit selon la regle des riuages que nous auons posée. Par tout où les riuages sont profonds & reuestus de falaises escarpées tels que sont ceux de Noruege & plusieurs autres-là, à peine les plus hautes marées montent six ou sept pieds de haut; que si les riuages sont des basses, les marées y seront aussi plus hautes. Cecy n'a pas seulement lieu dans les riuages, mais aussi à l'esgard des escueils, ou tant plus que le fond de la mer s'esleue vniement, d'autant plus haut s'esleue aussi la superficie de la mer.

De cecy l'on void aussi d'où prouiennent ces extraordinaires marées qui arriuent à Bristol, à l'Eglise S. Maclou, & particulierement à la ville d'Auranches & au Mont saint Michel en Normandie. Là les riuages haussent lentement & sont vnies comme vn miroir, & demeurent souuent à sec, sept ou huict mille pas lors que la maree se retire, en sorte que la mer ne paroist plus, non seulement aux habitans des riuages, mais mesmes à ceux du mont S. Michel, lesquels estans auparauant habirans de terre ferme se trouuent insullaires, la maree suruenant qui monte iusques à quatre-vingt pieds de haut.

Il ne faut pas aussi chercher d'autre raison de ces estonnantes marees qui arriuent en Cambaye, & à la ville de Martaban desquelles nous auons cy-deuant fait mention. L'vn & l'autre sont dignes de recit, notamment à cause que plusieurs se sont innutillement fatiguez l'esprit pour les vouloir expliquer. Le Golfe de Cambaye qui s'ouure par vne large emboucheure ; à sçauoir, depuis la forteresse des Portugais appellée Diu qui a la forme d'vne Isle, iusques à l'Isle des Vaches qui luy est opposée, a pour le moins vingt cinq lieux d'Allemagne d'ouuerture. Ses deux costes se resserrent ensuitte peu à peu, & s'estendent fort loing de part & d'autre, & courent vers le Nord, & le Nordest iusques à ce qu'ils se soient assemblez en vn Angle fort estroit à Cambaye, & aux emboucheures de la riuiere Carcara, que mal à propos l'on confond auec l'emboucheure de l'Indus. La longueur du golfe, depuis son entree iusques au fond est de plus de trente lieuës d'Allemagne. Le bas interieur de ce golfe demeure à sec lors que la marée se retire, & à l'exception de quelque peu d'eau qui paroist dans les courans des fleuues, l'on void de tout costez vne grande plaine qui a quelques lieües d'estendüe. Mais la Lune s'auançant vers sa quadrature, pour lors la mer s'engolfe de toute la masse de ses eaux, pour obseruer l'impetueuse arriuée de laquelle il y a des sentinelles posees sur de hauts rochers, lesquels en donnent le signal auec des trompetes. Car ces hautes montagnes d'eau roulent de telle vistesse, qu'il n'y a point de Cauallier qui se peust à toute bride guarantir de leur furie.

L'autre marée que l'on void dans ce Golfe, qui est entre les villes de Martaban & de Pegu, & de laquelle nous auons fait mention est encore plus admirable, quelques-vns croient mal à propos que l'embouchеure la plus orientalle du Gange est dans ce golfe, quoy que le fleuue qui baigne la ville de Pegu n'aye rien de commun auec le Gange, comme nous auōs dit ailleurs. Ce Golfe est plus long que celuy de Cambaye, dont nous venons de traiter; car il a plus de cinquante lieuës d'Allemagne d'estenduë. Il s'estend par mesme raison du Sudouest au Nordest. Le milieu de son canal s'éleue par vne si douce pente, qu'il semble estre orisontalement vny. Les costez sont enflez de Dunes & de rochers. Cette plaine, qui est depuis l'embouchеure du golfe iusques au fonds est presque toute à sec & descouuerte lors que la marée est retirée. Mais lors que la Lune aproche de sa quadrature, & que le flux vient à monter. La mer roulle ses flots auec vn tel tintamarre & vn mugissement si espouuentable que la terre en tremble tout aux enuirons. Le premier abord de ce flux est furieux au dernier point.

Le second abord, quoy que fort impetueux & capable d'arracher de dessus l'anchre, & d'entraisner toutes sortes de vaisseaux est neantmoins moindre que le premier. Mais le dernier diminuë beaucoup de cette violence le Golfe estant remply, & le canal estant plus large, tant qu'enfin au bout de six heures de temps les flots deuiennent fort paisibles. Ce dernier flux que les Flamands nomment *Acheter-Vloet*, arriuant, le Golfe se fait nauigable, & pour lors les vaisseaux qui veulent aller de Martabana à Pegu mettent à la voille. Or comme ceux qui sont dans la partie la plus basse & la plus vnie du Golfe sont dans vn estat de perte & de naufrage tout certain, au contraire l'on trouue vne retraitte asseurée entre les rochers & au haut des Dunes. Parce que le flux auãt que s'arrester decline du costé de ces Dunes, & de ces rochers & jettant l'anchre, l'on se troue sur le haut d'vne colline, cõme dans vn port asseuré, où l'on s'arreste iusques à la prochaine marée, le premier abord de laquelle passant viste comme vn traict, & ne pouuant estre soustenu, à mesure que l'eau s'éleue diminuë de l'impetuosité de son cours, & apres auoir monté six heures ou enuiron, elle remet les vaisseaux à bord, qui ayans leué l'ancre à la faueur de la marée sont portez à la seconde station, & ainsi de suitte, apres auoir fait sept stations ils arriuent enfin à Pegu.

Or ces deux flux de la Zonne Torride sont particulierement remarquables entre les autres, &

toutesfois si l'on considere la hauteur de l'innondation, l'on les trouuera moindres que ces flux qui se voyent sur les costes d'Angleterre & de Normandie; Il est certainement icy beaucoup à remarquer, qu'encore que tous ces deux flux se fassent dans la Zone Torride, ils doiuent neantmoins estre considerez comme s'ils se faisoient hors d'icelle. Car comme dans la mer des Indes le mouuement qui suit le Soleil panche du costé du Sud à cause de la scituation des terres, ainsi que nous auons dit, il faut de necessité que le mouuement Anthelien, c'est à dire contraire au Soleil, lequel dans cette mer, lors mesme qu'il s'auance le moins ne laisse pas d'attaindre iusques à l'Equateur, incline aussi du costé du Sud par la mesme raison. Delà on doit inferer que ces flus estant causez par les mouuemens de la mer contraires au Soleil, doiuent estre mis au rang de ceux qui se font dans les Zones temperees.

Au reste ie ne doute point, que si dans nos costes il se rencontroit des Golfes d'vne pareille scituation que ceux-là, que la mer n'y montast beaucoup plus haut qu'elle ne fait aux lieux où ils ont leurs plus grands accroissemens. Où si dans nostre mer que l'on doit auec raison plustost appeller vn destroit que non pas pleine mer, les marees qui fluent contre les costes de Hollande couloient sur vne greue vnie, & que leur violence ne fust point arrestée par des digues, ou des Dunes de sable, il n'y a pas de doute que pour peu que le vent de Nord Oueſt fuſt fort, la mer ne paſſaſt meſmes pardeſſus les coſtes. Que ſi l'Angleterre & la Bretaigne eſtoient placees en quelque autre endroit de la terre, & que la mer ne couruſt pas obliquement ſur les riuages de Hollande comme elle fait, mais à plein cours, ainſi que ſur tous les autres riuages de l'Europe, la Hollande, & preſque la plus grande partie des Païs-Bas, ſeroit comme la mer, ou du moins comme ces mareſts que la maree couure.

CHAPITRE XVI.

Que l'on attribuë fauſſement beaucoup de choſes à la Lune, & eſt monſtré qu'elle n'emplit point les huiſtres & autres cocquillages.

NOus auons attribué au ſeul Soleil tous les mouuemens de la mer que iuſques à preſent nous auons expliquez, parce que par aucune raiſon ils ne peuuent ny ne doiuent eſtre r'apportez à la Lune. Voyons maintenant qu'elle peut eſtre la vertu de la Lune pour eſmouuoir l'Ocean, & particulierement dans les mouuemens iournaliers ou menſaux comme on les appelle. Or pour ce qui regarde les effets & les vertus de la Lune, ie m'eſtonne que beaucoup luy ayant attribué la principale cauſe du flux de la mer, ils ayent neantmoins dit, que ces rayons estoient froids, comme si le froid enfloit, ou qu'il y eust quelque lumiere qui fust priuée de chaleur. Parce que les rayons de la Lune sont foibles particulierement à comparaison de ceux du Soleil, ils veulent qu'à cause de cela ils soient froids, & nullement chauds. Mais qui est-ce qui ne void pas que l'on fait la mesme chose par cét argument, comme si l'on pretendoit que la Lune ne luisist pas, parce que sa lumiere est fort petite à comparaison de celle du Soleil. Il en est certainement de mesme en cette occasion qu'en beaucoup d'autres ou nous sommes trompez par nos sens. Parce que nostre chair est plus chaude que l'eau, nous la croyons froide, quoy que mesmes l'on l'aye peu attiedie, bien que lors qu'elle nous semble la plus froide, elle ne manque neantmoins pas de chaleur. Ainsi ceux-là sont merueilleux, qui parce que quelques-vns se sont morfondus en se promenant au clair de la Lune, disent que par consequent les rayons de c'est Astre sont froids. Que si quelqu'vn pendant l'Hyuer se va despoüiller au Soleil & si morfonde pareillement, est-ce pour cela qu'il faille dire que le Soleil soit froid en Hyuer.

Ie n'estime donc pas qu'il faille s'arrester ; à sçauoir, si les rayons de la Lune sont froids ou chauds, puisque il n'y a aucune lumiere qui estant considerée à part soy, ne contienne au moins quelque chaleur. Que si nous ne ressentons point sa chaleur la raison en est assez claire. Comme la Lune ne luit pas le iour, sa lumiere estant offusquée par vne plus plus grande, nous ne pouuons pas aussi sentir la nuict la chaleur de ses rayons, parce que, quoy que le Soleil soit absent, l'air que nous respirōs ne laisse pas pour cela d'estre beaucoup plus chaud que la chaleur qui nous pourroit estre enuoyée par la Lune. Posons que la Lune & nostre terre soient égalelement esclairez & eschauffez par le Soleil, ce que plusieurs n'aduoueront pas, il ne pourroit pour tout cela nous venir aucune chaleur de la Lune, quand mesme elle seroit cent fois plus proche de nous, puisque deux esgaux ne souffrent pas l'vn de l'autre. Il ne faut dōc pas s'estonner si les Thermoscopes mesmes, quoy que aidez des miroirs ardents ne peuuent estre attains des rayons de la Lune.

Comme donc c'est vne fausse opinion que d'attribuer du froid aux rayons de la Lune, de mesme aussi l'on ne leur doit pas donner aucun sensible degré de chaleur, ny qui soit tel qu'estant imperceptible ailleurs, il soit plus fort pour enfler les mers que les rayons mesmes du Soleil. Que ceux qui attribuent tel pouuoir à la Lune, rendent raison pourquoy la Lune n'ayant aucune participation dans tous les mouuemens dont nous auons parlé cy-deuant, ils veulent qu'à l'exclusion du Soleil la Lune seule puisse toutes choses dans le mouuement mensal, ainsi qu'ils l'appellent.

Neantmoins beaucoup croyent que la Lune peut

encore auoir d'autres vertus capables d'esmouuoir la mer. Car ils disent que ses effets sont si visibles à émouuoir & arrester les flux, & emplir & diminuer les cancres, les huistres, langoustes, crabes, & autres coquilages, & cela selon son accroissement ou descroissement, qu'il n'y a aucun esprit humain capable de pouuoir détruire l'opinion des vertus merueilleuses de cét Astre. Et certainement cette raison a semblé si puissante a beaucoup de ceux là qui ont escrit du flux de la mer, qu'à peine ont ils trouué d'eschapatoire, & ont esté contrains, mesmes malgré eux de donner à la Lune l'Empire de l'Ocean. C'est pourquoy j'espere ne pas perdre ma peine, si ie montre clairement que ceux là se trompent beaucoup qui suiuent cette opinion, & que quand bien il n'y auroit aucune Lune au Ciel toutes ces choses ne laisseroient pas d'arriuer de mesme.

Or touchant les huistres & les coquillages que l'on croid croistre & descroistre auec la Lune voicy mon opinion. Ce n'est point la Lune ni aucun sien effet qui enfle ou engraisse ces animaux-là, mais c'est le flux de la mer. Dans la nouuelle & la pleine Lune la plusspart des coquillages sont vuides à Cambaye, à Bengale, en l'Isle de Iaua, & en beaucoup d'autres lieux des Indes, ainsi que le tesmoignent plusieurs gens dignes de foy. Quoy que ces mesmes animaux se trouuent pleins pendant les quadratures. Car il ne se void aucune marée ſur tous ces riuages dans la nouuelle & dans la pleine Lune, mais ſeulement quatre ou cinq iours plus tard, ſelon que la mer arriue plus lentement ou plus viſte en ces lieux. Par ainſi dans le Golfe de Cambaye & de Pegu, lors que la Lune eſt dans ſa quadrature les marées ſont fort hautes, & ſont fort baſſes dans la pleine & dans la nouuelle Lune, ce qui fait voir que ce n'eſt pas l'aſpect de cét Aſtre qui enfle les huiſtres, mais l'arriuée du flux. Il ne leur eſt pas indifferend de qu'elles eaux elles ſe ſoulent. Elles deſdaignent de boire les eaux mortes & deſia relentes par trop de ſe joint, mais lors que la haute marée arriue, & que les eaux accourent du milieu de l'Ocean, & ſe reſpandent dans ces Golfes, pour lors ces huiſtres reçoiuent ſes eaux à pleine eſcaille, iuſques à ce que s'eſtant ſoules de cét aliment qui leur eſt naturel elles ſe trouuent reſtaurées. Vous pourrez faire eſpreuues de cette verité ſi ayant enfermé en quelque lieu nombre de cancres & d'huiſtres, & que vous leur donniés de l'eau vifue, vous leur prolongerez la vie pluſieurs iours, mais ſi au contraire vous leur donnez quelque eau croupiſſante, ou comme l'on l'appelle eau morte ils la deſdaigneront la crachant, & periront de langueur en peu de temps.

CHAPITRE XVII.

D'où vient que toutes les vingt-quatre heures il se fait deux marées.

NOus avons ce me semble assez fait voir que les mers s'enflent à l'approchement du Soleil, & particulierement lors qu'il est perpendiculaire. Monstrons presentement par quel moyen elles mõtent deux fois en vingt-quatre heures, & baissent autant de fois. Nous verrons par apres si la Lune y contribüe quelque chose, disons maintenant ce qui arriueroit s'il n'y auoit point de Lune. Ie dis donc, que quand cela seroit, la mer flueroit deux fois, & en reflueroit autant toutes les vingt-quatre heures.

Posons que la terre soit A. B. C. D. & que la mer l'enuironnant soit E. F. G. H. que le Soleil soit perpendiculaire sur le lieu A. E. selon ce que nous auons dit; la mer s'enflera, & monstra iusques à I. Ensuitte, apres six heures de temps le Soleil sera sur les points D. H & la mer montera iusques à K. cependant l'enflure en I. s'abbaissera, non seulement iusques à E. mais mesmement quelque peu plus bas ; à sçauoir iusques à N. Mais lors que le Soleil sera perpendiculaire sur les points C. G. & que la mer se sera esleuee iusques à L. la mer qui est esloignée d'vn d'vn quartier ou de six heures s'abaissera cependant iusques à O. Mais parce que tout mouuement à sa

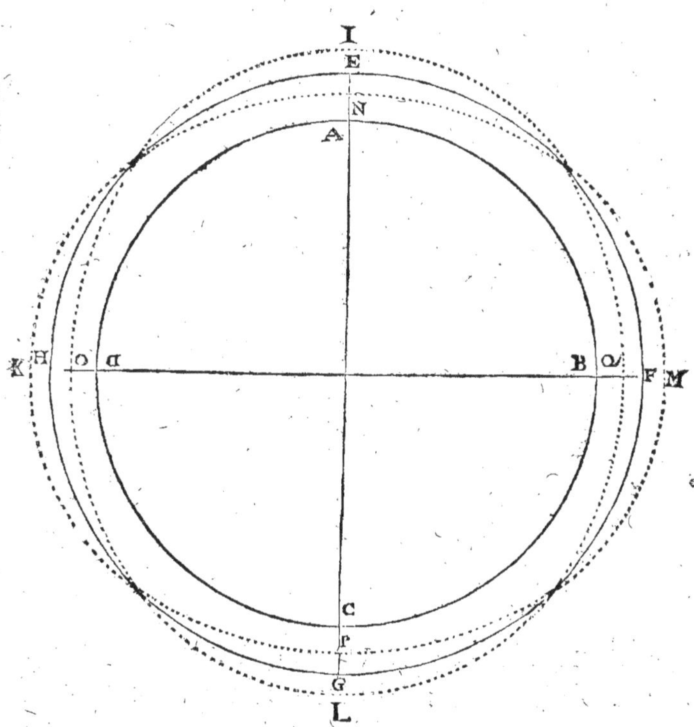

restitution, il arriuera que cependant la mer qui est esloignée toute la moitié montera tout de nouueau & s'enflera iusques à I. ou vn peu au dessous, parce

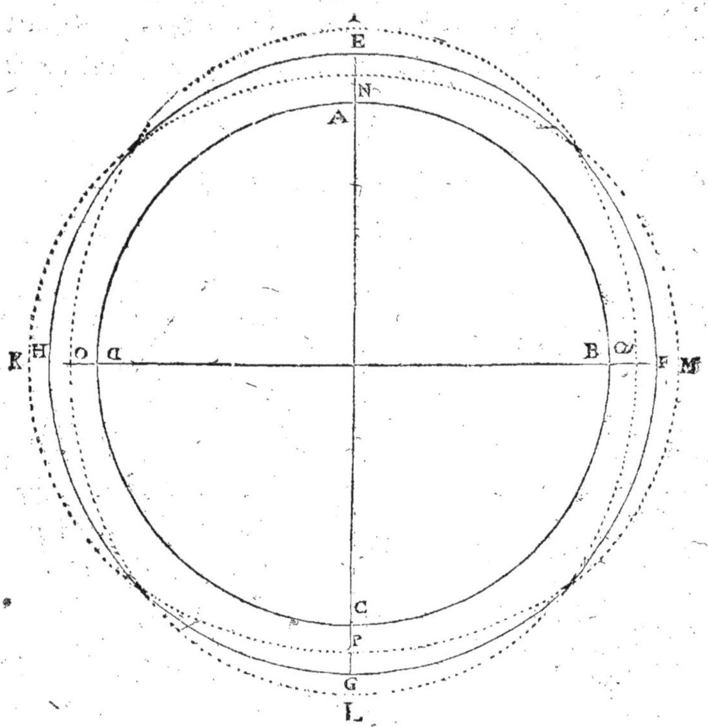

que selon les Loix de nature la restitution du mouuement doit estre moindre que le premier mouuement, que le Soleil soit ensuitte perpendiculaire sur B. C. & que la mer monte iusques à M. lors l'enflure en L. se retire, & la mer s'abaisse iusques à P. & la superficie en O. est restitué à K. ou enuiron, & l'enflure en I. descend derechef à N. ou quelque peu plus haut; car ce descroissement doit estre vn peu moindre que le precedent, parce aussi que l'accroissement precedent a esté quelque peu moindre à cause de l'absence du Soleil. Et cét Astre estant derechef perpendiculaire sur le point I. l'enflure reuiendra de nouueau & montera iusques à I. ou mesmes plus haut. si le mouuement contraire duquel nous traitterons cy-apres ny apporte empeschement.

Si quelqu'vn considere l'ordre de l'arriuée & du retour de ces marées, ie ne croy pas qu'il en puisse rendre de meilleure raison que celle que nous donnons, & il ne sera pas besoin d'auoir recours à quelque antiselene, ou destourner la terre de son cours. La seule raison du mouuement requiert cét ordre, puisque tout mouuement à qui est laissée la liberté d'agir requiert de necessité sa restitution. Soit donc que nous posions que la terre soit egalement entourée de l'Ocean, ou que nous laissions la terre en la figure qu'elle est, il faut de necessité que par tout & de quelque maniere que ce soit la mer se meuue, soit haut ou bas auant ou arriere, les mesmes mouuemens ayent chacun leur retour, & leur reciprocation. Si ce mouuement n'estoit renouellé tous les iours par le Soleil, il cesseroit apres quelques reciproquations, ou du moins viendroit imperceptible.

L'on ne doit point s'informer dauantage pourquoy il y a maree dans la partie de la mer opposée au Midy, & au point le plus esloigné du Soleil, que pour qu'elle raison dans les points de l'Orient & de l'Occident que le Soleil de Midy regarde tres-obliquement il se fait vn fort grand descroissement. Car comme là ou le Soleil cesse d'agir là doit commencer le restablissement & la restitution du premier contre-poids, & que ce contre-poids ne reuiendra pas dés la premiere restitution, mais que peu à peu il doiue estre restitué, l'on void clairement pourquoy dans ce point qui est le plus esloigné du Soleil, doit estre la fin de l'estenduë du mouuement & le faiste de l'esleuation des eaux; mais tel neantmoins qu'il soit quelque peu moindre que celuy qu'il a precedé au mesme lieu douze heures auparauant.

Il est assez aisé de connoistre, parce que nous auons cy-deuant dit, par quelle raison cette restitution de mouuement se fait, tant dans la Zone Torride que dans la temperée. C'est à sçauoir, que dans la Zone Torride les mers ne refluent point en beaucoup de lieux, mais sont derechef remplies obliquement & par les costes. Et dans les Zones temperées & les froides où les mers ne s'enflent point que par le mouuement de progression, elles s'en retournent pour la pluspart par le mesme endroit qu'elles sont venuës.

Mais retournons à nostre propos, & concluons que cette marée qui arriue la nuit par toutes les nations & les lieux de cette partie du Meridien qui est opposée au Soleil n'est autre chose que la restitution de cette marée qui a precedé au mesme lieu douze heures auparauant, & qu'elle le feroit de mesme quand il n'y auroit point de Lune.

CHAPITRE XIX.

D'où vient que toutes les vingt-quatre heures la marée retarde de quarante-huict minutes.

VEnons maintenant à ce mouuement que l'Ocean à seul commun auec la Lune , & expliquerons la raison qui fait que tous les iours le flux de la mer tarde d'autant de momens que fait la Lune ; à sçauoir 48. minutes ou enuiron, quatre cinquiesme d'heure $\frac{13.}{18.}$ Ie trancheray cour. Les mers fluent six heures, & en refluent autant. Par consequent les mers ont deux fois le mouuement de reciprocation en vingt quatre heures, si nous contons seulement les temps de l'aller & du retour, & par ce moyen le cours des mers est esgal à celuy du Soleil , ou pour parler auec plus de verité à celuy de la terre. Mais comme le cours du Soleil ou bien de la terre est continuel & non interrompu. Et que les mers ayant acheué ce cours par lequel elles se portent à leurs riuages, ou à la fin de leur mouuement ne refluent pas immediatement, mais restent quelque temps sans aucun mouuement perceptible, & comme en suspens, ainsi qu'il se fait en toute reciprocation , & que la necessité du mouuement le requiert ; Il est certain qu'à l'espace de tẽps que la mer employe à fluer & refluer l'ont doit encore adjoûter l'eſpace du retardement ou de l'interſtiſſe que garde la mer entre tous les flux & les reflux. Encore bien que c'eſt interſtiſſe puiſſe eſtre viſiblement apperçeu, parce neantmoins que la veuë eſt ſouuent trompée, & que les mouuemens de la mer ſont auſſi ſouuent auancez ou retardez par les vents, j'eſtime qu'il ſera plus ſeur de faire la meſure de ce retardement par la ſupputation de celuy qui ſe fait tous les iours. Comme le flux eſt retardé de quarante-huict minutes toutes les quatorze heures, il ſe void clairement que l'on doit adiouſter douze minutes, ou ſoixantieſmes à chaque flux qui arriue, & autant à chaque reflux qui s'en retourne. Par ainſi il eſt certain que le retardement de la marée ne deſpend point de la Lune, mais qu'il doit neceſſairement eſtre de meſme, à cauſe de la nature du mouuement que la mer reçoit du Soleil. Ceux qui connoiſtront le cercle de la Lune lequel eſt ecliptique, ne s'eſtonneront point de voir qu'au meſme temps que ſe fait le retardement du flux, il ſe fait auſſi retardement du mouuement de la Lune ; car il faut de neceſſité que cét Aſtre paroiſſe ſe mouuoir plus lentement, quand il eſt plus eſloigné de nous & plus viſte lors qu'il en eſt plus voiſin. Si quelqu'vn demande en outre à quoy bon ſe fait tel mouuement ou retardement qu'il apprenne des mathelots combien ils reçoiuent dauantage, & de conſolation de voir que cét Aſtre leur repreſente ſi conſtamment & ſi fidellement dans le Ciel par ses differentes formes & changemens, les differentes reuolutions & changemens de merées, la Lune donc ne fait point mouuoir la mer, mais seulement indique les temps & les mesures de ses flux, & est non pas la cause efficiente, mais comme la marque ou le miroir des accroissemens d'icelle. Ce n'est pas la le seul auantage, quoy que assez grand, que les differents changemens de la Lune apportent à la terre, mais si quelqu'vn desire en auoir vne plaine connoissance qu'il lisse le liures Dastronomie, & il en aura vne entier esclaircissement. La Lune n'a point esté crée par le Souuerain Ouurier de l'Vniuers pour gouuerner ny les mers ny la terre, mais seulement comme vne seruante pour estre le signal ou la mesure des differens temps & saisons de l'année, ainsi que le rapporte la Sainte Escriture.

CHAPITRE XVIII.

Quelle est la raison de l'accroissement ou decroissement des marées.

REndons maintenant raison de ce mouuement que l'on appelle Menstrual ou Mental, quoy que plus à propos il d'eust estre nommé Demy Mental, puisque il fait toute sa reuolution en quinze iours, ce qui n'est pas de mesme de la Lune qui y en employe trente. Les mers croissent pendant vne sepmaine & en décroissent vne autre, apres lequel temps elles recouurent leur premier contrepoids. Ceux-là par consequent ne parlent pas bien qui disent que le flux de la mer croist & descroist auec la Lune; car cela ne se trouue vray que pendant la moitié du mois, puisque pendant l'autre moitié les marées croissent lors que la Lune décroist. Mais afin de faire plus clairement voir que ce n'est point la Lune qui cause de si differens mouuemens en l'Ocean, nous expliquerons la raison veritable de cét accroissement. Voicy donc comme la chose va.

Le Soleil fait le tour de toute la terre en 24. heures. Mais la mer employe quarante-huict minutes de plus à acheuer le cours de ses deux flux, & de ses deux reflux. Par consequent le Soleil est plûtost reuenu sur le mesme poinct que la mer n'a paracheué son

son second reflux. C'est pourquoy le mouuement de la mer est quelquesfois à cét autre mouuement que le Soleil cause de nouueau, à cause dequoy il est vn peu retardé; car il perd enuiron la septiesme partie de sa vistesse. Que si il se passe vingt-quatre autres heures, & que le Soleil reuienne sur le mesme poinct, pour lors le dernier reflux de la mer sera contraire au cours du Soleil vne heure & 37. minutes de temps, par ainsi le courant des mers se trouue pour lors plus rompu, puis qu'il se perd plus du quart de la vistesse du mouuement. Apres le troisiesme iour la mer perd la moitié de sa vistesse. Le cinquiéme iour estant passé il ne reste plus que la tierce partie de la vistesse de ce mouuement, & ainsi de suitte. De sorte, que tant plus le reflux arriue tard d'autant plus il est foible, & ce iusques au 8. iour que les mers s'arrestent, & qu'il est morte eau, parce que les temps sont égale, & que le mouuement de la mer se trouue de la mesme force que celuy qui est renouuellé tous les iours par le Soleil. Car comme cét Astre se trouue ce iour là de nouueau perpendiculaire sur le mesme poinct, pour lors le flux de la mer se trouue retardé de six heures, c'est à dire de tous son cours. Or parce que les deux mouuemens se doiuent rencontrer auec des forces égales, deux contraires se destruisent l'vn l'autre, & ainsi il se fait calme, & ce que l'on appelle morte eau. Ce iour la passé les mers recommencent à fluer & refluer, & par ce que ce mouuement de la mer qui suit le Soleil n'est interrompu par aucune marée contraire ny reciprocation, delà vient que les marées croissent de iour en iour iusques à ce que le quinziesme elles arriuent à leur plus grand exhaussement. Et pour lors les mers recommencent à descroistre en la maniere que nous l'auons dit cy-dessus.

Et c'est la veritable raison des accroissemens & descroissemens des marées que l'on void generallement par tout le monde. D'où l'on void qu'il ne faut point pour cela faindre vn nouueau mouuement à la terre, ny auoir recours à des vertus secrettes & qualitez occultes, puisque c'est vne Loy, que le propre naturel du mouuement y a necessairemẽt establie. Et certainement s'il n'y auoit que ce seul mouuemẽt qui suit le Soleil à mouuoir les mers les flux croistroient à l'infiny. C'est pourquoy la nature a sagement remedié à ce desordre, & a voulu qu'vn mouuement fust reprimé par son cõtraire, à l'aide duquel les choses fussent esgalees & ce trop grand accroissement des mers fust remis dans sa premiere scituation. Car si ce mouuement qui fait ainsi croistre les eaus continuoit quelques iours dauantage, toutes les terres se trouueroient entierement submergees, & l'on ne doutera nullement que les plus hauts sommets des montagnes ne fussent innodez, si l'on considere la cause des accroissemens des mers. C'est pourquoy ie m'estonne infiniement qu'entre tous ceux qui ont escrit des forces des meſchaniques nul ne s'eſt trouué que le ſçache qui aye fait aucune mention des force du mouuemment de reciproquation , quoy que par leur moyen des choſes d'vn poids immenſe puiſſent eſtre remuées & changees de place. Par exemple l'on void de tres-grandes cloches , & meſmes des nauires chargez eſtre meus auec promptitude par des enfans à l'aide ſeulement des pieds & des mains. Et i'ay moy-meſme eſprouué que l'on peut en bien peu de temps arracher de grands & de vieux arbres auec vne de leurs branches, ou pluſtoſt en y attachant vne moyenne corde, pourueu que l'on obſerue exactement les moments de la reciprocation.

Si quelqu'vn en outre veut auoir l'explication plus claire de ce mouuement composé, lequel eſt tantoſt haſté, tantoſt retardé, l'on luy pourra donner ſatisfaction par vne exemple que voicy. Soit dreſſé vn cercle I. O. V. duquel le tour ſoit acheué en 24. heures, & aye vn certain point O. qui par la vertu de ſon arriuee, meſme ſans rien toucher, faſſe mouuoir le pendule A. K. laquelle nous ſuppoſions eſtre aſſez longue pour pouuoir parcourir le quart du cercle en en ſix heures. Mais parce que le mouuement de la pendule n'eſt pas eſgal & vniforme, mais eſt plus lent dans la fin de ſon montant & dans le commancement de ſa deſcente qu'il n'eſt dans le milieu de ſa courſe, adjouſtons à chaque agitation, c'eſt à dire à chaque ſix heures, douze minutes selon ce que nous auons dit. Il arriuera par consequent que lors que la pendule acheuera ces quatre agitatitions ou ces deux reciprocations le cercle acheuera son tour non seulement, mais anticipera de quarante-huict soixantiesmes le mouuement de la pendule. Ainsi le poinct mouuant qui est à O. au second iour viendra à la rencontre de la pendule à B. laquelle ayant desia perdu quelque partie de son mouuement s'estend a, b, & apres auoir derechef acheué quatre agitations viendra à C. à la rencontre du poinct mouuant, d'où il s'estendra iusques a, c. Le iour d'apres le poinct mouuant arriuera à D. & lors la pendule sera poussé de D. à d. & le lendemain de E. à e, & ensuitte de F. à f. Le septiesme iour le poinct mouuant estant paruenu à G. pour lors l'agitation de la pendule sera contenuë dans l'interualle de G. g. Derechef la pendule ayant acheué ces quatre agitations, à sçauoir le huictiesme iour, le poinct mouuant sera en H. Et pour lors, parce que la puissance du poinct mouuant & de la pendule sera esgale, le mouuement sera tres-petit de H. à h, ou plûtost il sera nul la pendule demeurant en repos au milieu qui est perpendiculaire.

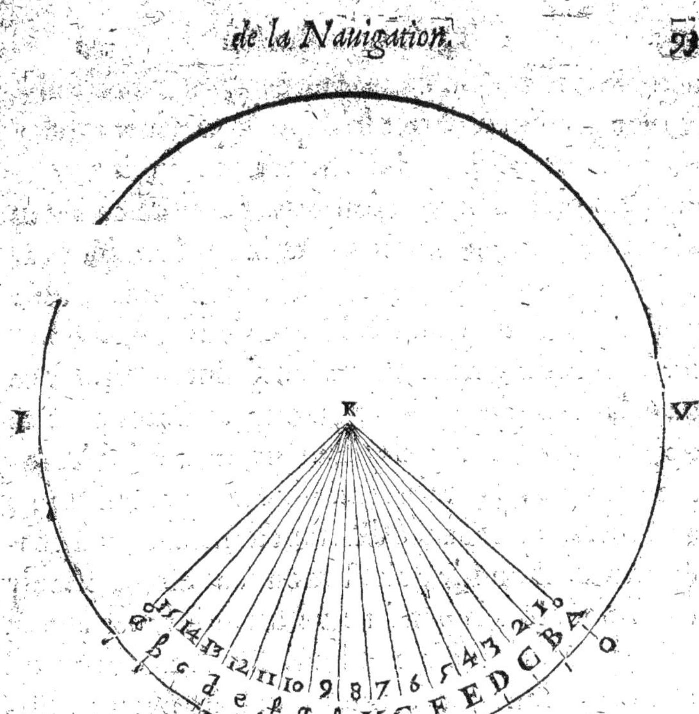

Ensuitte dequoy dés lors la pendule perdra vne partie de son mouuement par la rencōtre du poinct mouuant, & il commence à se pratiquer vn nouuel ordre. Tout ainsi que dans les precedens cours le mouuement de la pendule se retarde tous les iours de plus en plus par la rencontre du poinct mouuant qui vient au deuant. De mesme dans les suiuans qui commencent depuis le huictiesme iour, tant plus le poinct mouuant s'esloignera de la ligne perpendiculaire la pendule en est eslancée dautant plus loing, & auec plus de vistesse. Car le mouuement contraire estant osté, ce point ne suit plus le mouuement de la pendule; mais va deuant & luy restitüe autant de moments qu'il luy en auoit osté dans les precedentes agitations. En suite ce repos ou ce petit mouuement qui est coupé en deux par la ligne perpendiculaire estant paracheué, & le poinct mouuãt s'auançãt à g, la pendule y est poussée conjoinctement, & ne fait point de resistance dans la seconde agitation, mais s'auançant auec ce poinct également quelque temps, ne perd pas comme auparauant 48. soixantiesmes de sa vistesse, mais au contraire est auancé d'autant de minutes par chaque iour. Donc le poinct mouuant estant estably en f. pour lors la pendule paruient iusques à g. & suit par apres le mesme ordre en f. e. d. c. & b. quand elle dresse son cours à chacun desdits Espaces. Ensuitte le quinziesme iour lors que la pendule est éleuée & portée en a. pour lors elle s'estend fort au loing, & paracheue tout le cours, & pour lors les allées & les retours de la pendule diminuent de rechef selon ce que nous auons dit.

Encore que pour vne plus facile intelligence nous ayons donné l'exemple de la pendule qui parcourt en son mouuement tout vn quart du cercle, il ne faut pas pour cela que l'on croye qu'vn tel espace soit absolument necessaire afin que cette regle soit certaine : Car de quelque mesure que puisse estre la pendule, & de quelque estendüe que soient les mers qui sont meües pourueu que l'vn & l'autre soient agitez, la mesme mesure & la mesme regle de reciprocation se trouuera tousiours.

De plus, il ne faut pas que l'on croye que ce mouuement composé soit plus propre aux corps pendules qu'aux fluides & continuels. Si l'on emplit d'eau vn long vaisseau, & que l'on cause premierement vne esgalle reciprocation, & qu'en suitte l'on suscite quelque autre mouuement, lequel en temps & lieu suiue ou precede le premier mouuement, l'on y remarquera le mesme ordre & la mesme vicissitude de retardement & d'acceleration, ce qui paroistra aux bords & aux corps qui surnageront, dautant plus que le vaisseau sera long. Et certainement vn tel mouuement d'eau representera d'autant plus exactement le flux de la mer qu'il ne sera point de besoin que la cause mouuante passe d'vn lieu à l'autre. Car comme la masse de l'eau emplit tout le vaisseau ou tout le canal, ce double mouuemẽt peut-estre causé à chaque poinct, par lequel tout le corps de l'eau peut estre émeu, pourueu qu'il soit poussé en mesme temps. Mais certainement comme la pendule n'occuppe pas en mesme temps tout l'espace dans lequel elle est meue, mais occuppe seulement vn poinct; Il faut de necessité que la cause mauuante soit mue, si nous n'establissons vne telle pendule qu'elle puisse estre tournée auec son cercle pendant qu'elle fait ses reciprocations.

Concluõs donc que des alternatifues si differentes que sont celles que l'on remarque dans les flux de la mer ne peuuent estre expliquez ny entenduës, si ce n'est par l'exemple de quelque mouuement composé, qui par la seule raison de sa composition demeure de necessité tel que tantost, il s'auance & tantost il se retarde. Vn si different effet ne peut pas prouenir d'vne cause simple, comme ie le monstreray en peu de paroles. Ie dits donc que le flux par lequel la mer croist pendant huict iours, & décroist pendant huict autres ne peut prouenir d'autre chose que de la differente rencontre du Soleil & de la mer, & que les flux croissent & s'aduancent si les mouuemens auparauant causez par le Soleil s'accordent & concourent auec ceux qui sont causez de nouueau, & qu'au contraire le flux se retarde si les derniers mouuemens sont contraires aux premiers.

CHAPITRE XX.

Par quel moyen, & quels interualles les mouuemens & les flux de la mer sont estendus.

NOus auons cy-deuant expliqué les principaux, & en quelque façon generaux mouuemens de la mer, & auons montré qu'ils sont causez par le Soleil seulement, & que les mers qui sont aux extremitez du Sud & du Nord resteroient immobilles si elles n'estoient attaintes de ce mouuement.

Non

Non pas qu'il faille croire que l'eau quoy que fluide puisse auoir vne telle vistesse qu'elle peust accourir à nous en si peu de temps depuis la Zone Torride ; mais comme l'Ocean est continuel, & que les mers sont contiguës les vnes aux autres, c'est le seul mouuement qui se dilatte, cette vertu s'espand de tous costez par l'attouchement, ainsi tous les riuages pour esloignez qu'ils puissent estre ont le flux presque en mesme temps moyennant que les eaux de quelque grande mer y puissent aborder sans empeschement. Afin que cecy soit entendu plus facilement mesurons le flux au cours de la Lune, non pas que les mers soient esmeuës par cét Astre, ainsi que nous auons dit, mais pour donner quelque chose à la coustume, & parce que aussi l'Ocean à son mouuement équipollent à celuy de la Lune en ce qui regarde le retardement iournallier.

La Lune donc ayant outrepassé le Meridien d'enuiron trois heures, & estant placée au Sudouest, le flux est aux riuages de France, de Portugal, & en toute la coste d'Affrique qui s'estend depuis le détroit de Gilbraltar iusques au Cap de Bonne-esperance, quand à ce que le flux arriue plus tard en quelques endroits, comme au Cap blanc, à Serre-Lyonne, & en plusieurs costes de Congo & de Guinée, la raison n'en est pas cachée ; car comme il y a beaucoup de Dunes & de bancs de sable, cela retarde l'arriuée de la mer.

Or de ce que tout au contraire le flux arriue plûtost sur les riuages d'Espagne, qui sont depuis le détroit de Gibraltar iusques aux Algarbes; car dans les lieux les plus proches du détroit la mer s'enfle grandement incontinent apres midy. Il n'y en a pas d'autre raison, que parce que les eaux que nous auons dit venir de la mer Mediterranée, & qui courent incessamment le long de la coste d'Espagne, & qui sont remarquées par tous les voyageurs, esleuent la superficie de l'Ocean par leur rencontre, & hastent son mouuement. De sorte que la marée aduance d'vne heure aux emboucheures de l'Aguadiane, & dans le destroit mesme, elle y aduance de plus de deux. Car à vne heure apres midy, & mesmes quelque peu plûtost la mer y est extremement haute.

Mais quand aux autres destroits, dans les Golfes & embouchures des fleuues la raison en est bien differente à cause des frequens obstacles des terres qui retardent le cours de l'Ocean. La haute marée arriue enuiron à trois heures aux Caps les plus Occidentaux de la France. Et d'autant plus que la mer s'auance dans la Manche, qui est entre la France & l'Angleterre, plus la marée retarde. De sorte que au Pas de Callais la haute marée y retarde de douze heures. De là elle retarde encore aux costes de Flandre, de Zelande, & particulierement à l'emboucheure de la Meuse; En sorte que à Roterdam il n'est haute maré qu'à trois heures, c'est à dire douze heures plus tard. Ce mesme mouuement arriue encore douze autres heures plus tard à Amsteldam. De sorte que ceux d'Amsteldam ont cette maree trente-six heures plus tard que ne l'ont ceux de France & d'Angleterre qui habitent sur les costes de l'Ocean, c'est à dire hors la Manche.

Le retardement est encore plus grand dans les riuieres, A l'emboucheure de la Garonne la marée est haute à trois heures. Et la mesme maree arriue douze heures plus tard à Bordeaux. Ce flux arriue dix-huict heures plus tard à la ville de saint Machaire. De sorte, que pour chaque lieuë d'Allemagne de distãce, la maree se retarde prés d'vne heure.

Tels sont les flux des riuages de l'Europe & de l'Affrique qui sont tous causez par ce mouuement de l'Ocean qui est contraire au Soleil, ou qui du moins va au rebours pour raison de la scituation des terres & des riuages. Or comme les costes Occidentalles de l'Amerique tiennent vn mesme ordre en leur scituation que les riuages de l'Europe & de l'Affrique dont nous venons de parler, les marees y gardent aussi le mesme ordre, & s'y gouuernent de mesme. La Lune donc estant au Sudouest, les marees sont extrémement hautes aux riuages de Chily, & du Perou. Mais comme les marées sont fort differentes dans les riuages opposez; à sçauoir, aux costes de la Chine à Tunchin à l'Isle Formosa, & ailleurs en cette mer les temps le sont aussi de mesme; car les marées y sont tres-hautes lors que la Lune est au Sudest, & au Nordouest.

Les marees sont pareillement tres-hautes sur les costes de la Floride, de la Virginie, & de la nouuelle Hollande lors que la Lune est entre le Sud & l'Orient. Car de la mesme maniere que se gouuerne la coste Occidentalle de l'Amerique qui regarde la coste de la Chine & de Tunchin, pareil ordre est obserué dans la coste de l'Europe qui regarde l'Amerique.

Mais afin que nous ayons vne plus particuliere connoissance de ces mouuemens, ie donne premierement aduis; qu'il ne faut point prendre le commencement des marees qui arriuent par tout le monde, de la pleine ou nouuelle Lune; mais seulement des quadratures. Car comme le commencement de tout mouuement est tiré du repos, & que l'on n'apperçoit aucun mouuement, ou du moins il est fort petit lors que la Lune est coupée en deux, & est dans ses quadratures; il est constant que le dernier periode des marees doit estre contenu dans cét espace qui est d'vne quadrature à l'autre. Et parce que entre les quadratures & la pleine ou nouuelle Lune il y a sept iours & demy d'interualle, & que cependant le flux a esté retardé de six heures, par ainsi il faut retrancher cét espace, pour auoir le commencement des mouuemens de l'Ocean.

Ainsi donc dans les riuages de l'Europe & de l'Affrique ou la maree est la plus haute à trois heures apres midy pendant la pleine & la nouuelle Lune, il est certain qu'il faut que les premiers mouuemens ayent commencé à neuf heures du matin, enuiron trois heurs auant que le Soleil attaigne le poinct du Midy. Que si nous suiuons ce mesme flux qui tend à l'Occident auec ce mouuement qui suit le Soleil, nous trouuerons comme il se void, par experience qu'il arriue de demie heure plus tard à ce Cap du Bresil qui s'estend le plus à l'Orient. Delà le cours de l'Ocean passant plus outre vers l'Occident, & paruenant à la riuiere des Amazones & à la Goyane la marée le suiura pareillement. Comme pendant la pleine & la nouuelle Lune la marée est pleine en ces lieux-là à six heures. Il faut de necessité que pendant les quadratures elle soit pleine 6. heures plûtost, c'est à dire à 12. heures. Delà le cours de la mer passant outre vers le Nord, au destroit de Bahama en la Floride, en la Virginie, & à la nouuelle Holande, le flux l'accompagne là pareillement, & parce que au temps de la pleine & de la nouuelle Lune selon que les riuages sont plus ou moins éloignez, il est flux à huict ou neuf heures; il est constant que pendant les quadratures le mesme flux arriue à deux ou à trois heures, & en quelques endroits quelque peu plûtost.

L'on peut assez tirer cette consequence, qu'entre les marées qui moüillent les costes de l'Europe, & celles qui arriuent dans la coste de l'Amamerique qui est à l'opposite, il y a six heures de difference, & par ainsi quand la mer est extresmement haute dans l'vn des riuages elle est fort basse dans l'autre, & alternatiuement au contraire.

Il est en de mesme dans la mer pacifique; car comme sur les riuages de Chily & du Perou la marée est fort haute à trois heures apres midy pendant la pleine & la nouuelle Lune, & que dans les costes de la Chine & de Tunchin qui sont opposées le flux est fort haut à neuf heures du soir; Il est constant que pendant les quadratures le flux arriue sur les costes de Chily & du Perou à neuf heures du matin, & que aux costes qui sont opposées il arriue à trois heures apres midy.

CHAPITRE XXI.

Que le mouuement de l'air est veritable, & est monstré que l'air est meu par les mesmes causes que l'eau.

L'On croid ordinairement qu'il ne se peut trouuer rien de plus incertain & de plus inconstant que le vent. Et certainement si l'on considere ce que plusieurs ont escrit de la nature & de la qualité des vents, il faudra s'attacher a cette opinion. Car à dire le vray, tout ce qui se void par escrit sur cette matiere est si foible & si despourueu de raisonnement, que si quelque curieux d'aprendre à recours aux Liures des Philosophes, il se trouuera plus ignorant qu'il n'estoit auant leur lecture. Y a-t'il rien de plus ridicule que l'opinion qu'ils soustiennent touchant la qualité des vents, quand ils asseurent que ceux d'Orient sont secs, & les Occidentaux humides, de plus que les vents de Nord sont hauts, & ceux du Sud sont bas? N'est-ce pas là raisonner à clos yeux dans vne chambre, & sans auoir estudié les causes naturelles? Mais laissant à part les escrits d'autruy, voyons nous mesmes si nous auons quelque chose de meilleur & de plus certain à donner.

L'air estant la matiere du vent nous commencerons par là, rejettans auec raison comme plusieurs autres la fable des quatre Elemens, & croyons que l'air est vne eau ou vne humeur dilatée qui s'estend de tous costez selon les regles de l'Equilebre. Encore que cét air puisse estre produit des lacs, des fleuues, de la neige, & d'autre chose; Neantmoins sa principale source, c'est la mer & veritablement en d'autant plus grande quantité que les mers se trouuent plus proches du Soleil. Or dans les terres qui sont par trop seiches, comme le milieu de la Lybie, ou qui sont trop esloignées du Soleil, ainsi que l'vn & l'autre Septentrion, il y a fort peu d'air, ou plûtost point du tout s'il ne vient d'ailleurs. De plus il est certain que le Soleil en cuisant & dilatant les humiditez cause diuers mouuemens. Si ces mouuemens de l'air sont doux ils ne causeront que de douces halaines, si vn peu plus forts, des vents, & s'ils sont fort violents, pour lors l'on les pourra nommer des tourbillons & des tempestes. Cette opinion si ie ne me trompe est receuë de plusieurs.

Comme donc tout mouuement de l'air produit le vent, nous nous arresterions innutillement à expliquer par quels moyens l'air peut estre agité. Quoy que l'on peust conter mille differentes manieres de produire des vents, on ne sçaura pas pour cela leur origine, là où & par quel ordre soufflent ces vents generaux qui en des temps & saisons reglez agitent les mers, innondent les terres & nous amenent

amenent cét air doux & naturel, ſans lequel la vie ne peut eſtre entretenuë. C'eſt pourquoy ceux qui veulent expliquer l'origine des vents par le mouuement d'vn ſoufflet ne montrent autre choſe ſinon que le mouuement de l'air produit le vent. Ceux qui veulent rendre raiſon des vents par le moyen des Æolipilles, ainſi que mal à propos on les nomme, & que Vitruue appelle Æoles de Cuiure.

Ils enſeignent ſeulement qu'vne humeur dilatée ſortant d'vn plus grand eſpace par vn trou eſtroit ſe meut auec beaucoup de viſteſſe. Ceux-là ont fait quelque choſe de plus qui ont crû declarer l'origine des vents en faiſant voir que ſi l'on allume du feu dans vne chambre, l'air qui eſt enfermé dedans eſt rarefié par la chaleur & tient la place ouuerte, dans laquelle l'air qui eſt de hors entre auec bruit par les fentes & les jointures des portes & des feneſtres. Encore que cette comparaiſon ſoit propre pour prouuer que le Soleil par la force de ſes rayons & de ſa chaleur reſſerre l'air & le rarefie, & eſt cauſe que l'air ſuruient de tous coſtes pour remplir la place de celuy qui a eſté rarefié ou reſſerré en plus petit eſpace. & ainſi par ſon mouuement produit le vent, neantmoins cette raiſon eſt plus propre pour expliquer les tourbillons & certains vents ſoudains qui arriuent quelquesfois ſur les riuages, & meſmes au milieu de l'Ocean, que pour faire connoiſtre ce

Ce ſont certaines boulles de cuiure creuſes faites en forme de poire.

cours general des vents qui accompagne le courant des mers, & qui s'estend presque par toute la terre. Pour connoistre son origine il faut tenir le mesme ordre que nous auons fait en expliquant les flux de la mer. Tout ainsi qu'en expliquant l'origine du flux nous auons donné aduis qu'il ne faloit pas considerer les lieux où les mers s'enflent le plus haut, mais bien ceux-là où elles commencent à estre apperceuës se mouuoir premierement, puisque tout mouuement tire son commencement du repos, & que d'abord il ne peut pas estre tres-viste: Ie suis d'aduis d'en vser de mesme dans la recherche de l'origine du vent vniuersel, & n'obseruer pas en quels lieux le cours des vents est le plus impetueux, mais voir où ils naissent premierement, & en quels lieux ils commencent à souffler. Comme nous auons suffisamment montré que dans la Zone Torride les mers & l'air qui leur est contigu sont par vn mesme mouuement continuellement poussez d'Orient en Occident, & que d'abondant nous auons fait voir d'où l'on peut facilement connoistre pourquoy les mers se meuuent de la sorte, ie ne faits pas de doute que la mesme raison n'eust lieu dans le mouuement de l'air, & ce d'autant plus que l'air est plus leger que l'eau & plus prompt au mouuement. Car le Soleil dilate le corps de l'air, & esleue plus haut sa superficie, & comme le mouuement se fait de haut en bas, & que la superficie qui a le Soleil directement sur elle, ou qui l'a eu peu auparauant est plus esleuée, de necessité le cours se fait vers l'Occident, lequel quoy que foible dans son commencement augmente & croist neantmoins de plus en plus en s'auançant, comme nous auons dit cy-deuant.

Ce premier mouuement estably par lequel l'air qui est directement sous le Soleil est attaint, poursuiuons la continuation de ce mouuement. Il arriue le mesme à l'air qui est sous la Zone Torride, que nous auons dit arriuer à la mer qui est au mesme lieu, l'vn & l'autre sont poussez d'Orient en occident par vne mesme cause, & enuiron de mesme cours. Et il est innutille de s'informer si le courant des eaux entraisne auec soy l'air qui luy est au dessus, ou si c'est le mouuement de l'air qui pousse les eaux; car comme les rayons du Soleil sont dardez en vn instant. Ce mouuement est imprimé au mesme temps à ces deux eslemens ensemble (comme l'on les nomme) quoy qu'auec differente mesure. Pendant que mesme raison fait agir l'vn & l'autre, ils courent tous deux presque de vistesse esgale vers leur but s'esmouuant mutuellement. D'abord veritablement le mouuement de l'air est plus prompt, mais il faut cõsiderer que les corps pesants acquerent plus de vitesse par le continu de leur mouuement. C'est pourquoy il arriue quelquesfois que le cours des eaux est plus viste que celuy de l'air, quoy que cela puisse encore prouenir d'ailleurs.

Pour l'ordinaire neantmoins le cours des vents est plus rapide que celuy de l'Ocean, & certainement quand il n'auroit pas d'autre raison pourquoy cela se fait celle-cy doit suffire; à sçauoir que le fonds de la mer est extrémement inesgal qui retarde son cours là où les vents courent sur la face des eaux qui est presque tousiours vnie.

Mais quand le courant de la mer qui suit le Soleil est arresté comme il se fait au Bresil, ou en la coste Orientalle d'Affrique, ou en d'autres riuages de la Zone Torride qui reçoiuent les flots des grandes mers du costé de l'Orient, la raison des mouuemens deuient differente. Car comme la mer vient à heurter de toute sa masse, elle biaise au Nord ou au Sud comme nous l'auons cy deuant expliqué. Mais l'air qui est au dessus de la mer & qui court auec elle, comme il ne heurte rien il conserue la pluspart de son mouuement & passant plus auant tout droit, parcourt les terres opposées. Et c'est delà que viennent ces vents frais & benins, qui dans le Bresil, dans l'Isle Dauphine & sur les costes Orientalles d'Affrique sufflent tous les iours leurs delicieuses frescheurs, & par ces rafraischissemens marins temperent cette chaleur qui s'essant, cela seroit immoderée. Car ordinairement trois heures apres le leuer du Soleil, c'est à dire à neuf heures du matin le vent d'Orient commence à souffler continuellement, & ne cesse point qu'il ne soit trois ou quatre heures apres midy. Ensuite le Soleil estant couché l'air reflue deuers la mer, & fait place aux vents de terre, comme nous dirons cy-aprés. Or le vent, ou le cours de l'air qui se destourne de son droit chemin, & partie duquel est entraisnée le long des riuages à droit & à gauche par le mouuement de l'Ocean; pendant que les costes gardent la mesme scituation, il accompagne tousiours le cours & le mouuement de la mer. Mais s'il arriue que les riuages se recourbent & viennent à receuoir le cours des eaux d'vn front oblique, pour lors il peut arriuer derechef que quelque partie de l'air s'écoulera. Et cela arriuera si les costes sont basses, & qu'il ne se rencontre aucunes montagnes qui contraignent le courant de l'air. Car il faut sçauoir que comme le courant des mers est arresté par les riuages, le mouuement des vents est pareillement terminé par les montagnes; & ie ne pense pas que rien soit propre à l'vn qui ne soit conuenable à l'autre. Si l'homme qui est vn animal Ærien, pouuoit viure & subsister au dessus de l'air, & que le mouuement de l'air fust aussi visible que le mouuement des eaux, il remarqueroit la mesme vicissitude des flux de l'air aux panchans, sommets, & destroits des montagnes qu'il se void presentement à la mer. Les longues chaisnes & suittes de montagnes paroîtroient ainsi que des riuages; & les sommets qui sont seuls & escartez representeroient la figure d'autant d'Isles.

CHAPITRE XXII.

Le mouuement de l'air contraire au Soleil est expliqué.

NOus auons expliqué cy-deuant le mouuement de la mer qui entoure des deux costez le cours du milieu de l'Oceã, & qui est contraire au cours du Soleil. Nous auõs encore donné aduis que l'eau n'est pas seule poussée par ce mouuement, mais l'air aussi; de sorte qu'icy mesme dans les Zones temperées il est perpetuellement poussé de l'Orient à l'Occident. Or comme ce mouuement est la restitution du premier, reuersant continuellement ou de nouuelles ou les mesmes eaux apres auoir acheué son tour, de mesme l'air se succede tousiours à soy-mesme coullant de tous les deux costes pour compenser incessamment la plus basse agitation qui a esté poussée en auant. Certainement l'vn & l'autre ont vne telle sympatie dans leur nature, que ie ne sçache pas qu'ils different en la moindre chose, particulierement au milieu de l'Ocean ou le cours de la mer & des vents est tousiours semblable. Si les eaux coulent lentement, le souffle des vents est pareillement doux & presque insensible. Si la mer est fort agitee de tempeste & de tourbillons; de sorte qu'elle tournoye, le mesme mouuement se remarquera dans l'air. Encore que dans les destroits & sur les riuages cette ressemblance soit souuent troublée à cause de la visible inconstance des vents de terre, neantmoins dans les destroits & sur les riuages où le cours de la mer & des vents est contraire au Soleil, il ne se rencontre aucune difference particuliere si ce n'est rarement & pour peu de temps. Ainsi dans toute la coste de l'Amerique Septentrionalle qui est opposée à l'Europe les vents Orientaux sont presque entierement inconnus, & les seuls vents de Sudouest & de Nordouest y soufflent presque toûjours, dont ceux-là amenent l'Esté, & ceux-cy l'Hyuer. Et tout ainsi que les mers ne vont point choquer les riuages de la Floride, de la Virginie, & de la nouuelle Hollande, mais les esquiuent; l'air & les vents en vsent de mesme. Il en va tout au contraire sur les riuages de l'Europe, contre lesquels ce mouuement de la mer & des vents contraire au Soleil est continuellement poussé. De sorte qu'il ne faut pas s'estonner de ce que la plus part de l'année les vents d'Occident regnent sur les costes des Païs-Bas, d'Angleterre, de France, & d'Espagne. Il en va de mesme en la mer qui moüille les costes Septentrionalles de la Chine, sur lesquelles le vent de la mer ne souffle iamais ou fort rarement, qui au contraire est presque continuel sur la coste Occidentalle de l'Amerique Septentrionalle, qui est à l'opposite.

CHAPITRE XXIII.

Le mouuement Annuel des vents.

OVtre ces deux mouuemens, dont celuy qui tient le milieu suit le cours du Soleil & l'autre luy est contraire, nous en auons encore fait voir vn troisiesme qui fait que les deux autres declinent tantost au Sud & tantost au Nord. Or en celui-là l'estat de la mer, des vents & sont encore semblables. Car comme la mer pendant six mois court du costé du Nord, pendant les six autres mois du costé du Sud. Il en est de mesme des vents, & cette vicissitude se fait remarquer presque par toutes les mers du monde; cela ne s'obserue pas seulement sur la mer, mais encore au trauers des terres: quoy que non pas si reglement. Quelques iours apres le soltisse l'Esté les vents commencent à souffler du Septentrion, & du Nordouest. Mais apres le soltisse d'Hyuer les vents de Sud & Sudest suruiennent, quoy qu'vn peu plus tard. Les vents reglez tesmoignét assez cela tels que sont presque par toute la Mditeranée les vents Etesiens, qui suruiennét apres la canicule & les Ornithiens, qui sont vents de Bise soufflans au commencement du Printemps. Et il n'y a point d'autre raison pour la Perse, les Indes, le Mexique, & autres contrées de l'Asie & de la Merique

rique. Dans le milieu mesme de l'Affrique s'ils ont quelques vents ils leur viennent du Sud ou du Sudest, lors que le Soleil a passé l'Equateur du costé du Septemtrion ; mais lors qu'il a passé du costé du Sud, pour lors les vents du Nord & Nordouest commencent à souffler. Enfin de quelque costé que l'on puisse aller, soit dans l'autre Hemisfere l'on trouuera que non seulement les grandes mers, mais encore celles qui sont dans le milieu des grands continens reçoiuent coustumierement la moitié de l'année les vents du Sud. Et l'autre les vents du Nord, moyennant qu'il n'y aye aucunes montagnes qui y mettent empeschement.

CHAPITRE XXIV.

Des vents de terre, de leur origine, & de la cause d'iceux.

COmme il n'y a aucune partie de la terre qui soit arrousée de l'Ocean de laquelle le vent ne viéne quelquefois, & que sur plusieurs & presque sur tous les riuages voisins du Soleil se soit vne regle certaine que le Soleil estant couché les vents de terre cõmencent a souffler; plusieurs ont creu que generalement tous les vents prouenoient de la terre, & qu'ils estoient formez de ses exalaisons. Et quoy qu'ils eussent deuant les yeux des mers d'vne vaste estenduë à qui ces effets la pouuoient commodement estre attribuez, ces gens-là ont mieux aimé auoir recour à ie ne sçay quels marais, à des montagnes couuertes de neige, à quelques petites exhalaisons de la terre, & à des cauernes sousterrains, comme si la terre toute seiche qu'elle est & des riuieres qui tarissent souuent fournissoient dauantage de matiere pour rasser ces mouuemens de l'air que non pas l'abysme inespuisable de l'Ocean. Ils ont creu beaucoup appuyer leur opinion de ce que sur les riuages & aux endroits proche de la terre la force des vents est plus grande qu'au milieu de l'Ocean.

Mais certainement tant s'en faut qu'aucuns vents prouiennent de la terre, ie ne tiens pas mesmes que ceux que l'on appelle terrestres luy doiuent son origine. Nous auons dit par quel moyen l'air ou l'humeur dilattée courant les terres produit le vent marin. Si nous admetons cela, qui ne se peut ny ne se doit nier, il faut aussi de necessité que le Soleil estant couché, c'est à dire que la cause cessant qui dilatte la masse de la mer & de l'air, l'vne & l'autre humeur se resserre, & que l'air refluë en sa place, & produise par son mouuement ces vents que l'on appelle terrestres.

Or de ce que ce vent ou mouuement de l'air est quelquesfois plus violent dans les lieux proche de la terre que dans le milieu de la mer, la raison n'en doit pas sembler plus obscure que celle pourquoy les marées sont plus grãdes sur les riuages qu'au milieu de la mer. Car ce qui arriue à l'Ocean lors qu'il frappe les riuages, est de mesme du vent, pourueu que la scituatiõ des terres qui sont heurtées des vents soit esgale à celle des costes qui sont baignées de la mer. Si donc les riuages de la mer sont bordez de hautes montagnes, lesquelles les vents marins ne puissent outrepasser, l'air rejallit & produit des vents violents, & souuent des Raffalles & des Hourragans particulierement au temps des Equinoxes, que le cours de la mer & des vents est extrémement impetueux.

Voila la veritable cause de ces vents que l'on appelle des terres. D'où l'on void que ceux-là se sont beaucoup trompez qui ont creu que ces vents qui sur le soir viennent du costé de la terre prenoient delà leur origine, parce que le Soleil estant couché il s'esleue plus de vapeurs de la terre que de la mer, d'autant disent-ils que la terre garde plus long-temps que la mer la chaleur qu'elle a reçeuë. Or il n'y a point de corps quelque eschauffé qu'il aye esté lequel la chaleur ou le feu qui dilatte les humeurs estant esloigné, ne cesse incontinent de pousser des vapeurs, & peu à peu ne se resserre dans vn plus petit espace. En outre, il n'est pas vray que la terre garde plus long temps que la mer la chaleur qui luy a esté imprimée par le Soleil. La terre n'estãt pas eschauffée gueres plus d'vn pied de haut, comme elle reçoit plus promptement la chaleur que la mer, aussi se refroidit-elle plus viste que la mer, laquelle estant souuent d'vne profondeur immense, elle n'est point eschauffée que la chaleur ne se soit espanduë depuis la superficie iusques au fonds. Car encore que le degré de chaleur du fonds soit moindre que celuy de la superficie, il est constant neantmoins, tant par l'experience des plongeurs, que d'ailleurs, que la superficie des eaux n'est point eschauffée que le fonds ne s'atiedisse. Mais afin de leuer toutes sortes de doutes, cecy doit suffire, que là ou l'Hyuer est sur terre, & que la gelée glace & resserre toutes choses, ceux qui dans ce temps-là font voille des riuages pour aller en haute mer y trouuent la chaleur & l'Esté de telle maniere que l'Hyuer y arriue au moins deux mois plus tard que sur la terre. Au contraire lors que le froid est passé, & que la chaleur rostit la terre, il fait encore froid sur la mer & de telle sorte, que ceux qui quittent la terre aux mois de May & de Iuin pour se mettre à la mer se persuadent estre passez du milieu de l'Esté au milieu de l'Hyuer.

CHAPITRE XXV.

Que les vents de la mer sont froids dans la Zone Torride, & ceux de terre y sont tres-chauds.

L'On peut assez aisement connoistre par les choses que nous auons traitées au precedent Chapitre, d'où vient que les vents qui au Prinptemps viennent de la mer sont plus froids que ceux qui soufflent en Authomne, & mesmes au commencement de l'Hyuer. C'est pourquoy ie ne m'estonne pas fort de ce que Theofraste, & d'autres ont creu que la mer estoit plus chaude en Hyuer qu'en Esté, puisque l'experience fait voir que non seulement dans la Zone Torride, mais aussi dans les autres, l'on trouue souuent autant de tiedeur dans les mers quand le Soleil en est éloigné que quand il en est proche. Mais comme il se trouue quelque difference entre les terres qui sont sous les Zone Torride, & celles qui sont scituées sous les Zones froides ou temperées, & qu'il importe peu de dessous quelle partie du Ciel les mers accourent, il est à propos de faire voir le moyen par lequel nous puissions non pas seulement par apparence & vray semblablement, mais certainement iuger de l'estat & des temperamens de presque toutes les contrées du monde, au moins pour ce qui concerne les degrez de froid ou de chaud. Comme donc l'estat de l'air pour la plus part despend des vents, & qu'ils suiuent le mouuement de la mer, il est constant que le mouuement de la mer estant connu selon ce que nous auons expliqué l'on doit aussi connoistre l'ordre du mouuement des vents qui bruslent ou raffraischissent la terre.

Ainsi donc toutes les terres & grandes Isles de la Zone Torride qui reçoiuent le flux de la mer du costé de l'Orient, elles qui cessant cela s'éroient inhabitables sont neantmoins tellement raffraischies des vents de la mer qu'elles deuiennent non seulement habitables, mais les plus temperées de l'Vniuers, tel est particulierement le Bresil & tel est aussi la grande Isle de Madagascar, ou Isle Dauphine, qui en douceur de temperature & en fertilité ne le cede à aucune contrée du monde. Les vents d'Orient y regnent continuellement qui par leur frescheur adoucissent la chaleur du iour soufflans continuellement depuis neuf heures du matin iusques à trois ou quatre heures apres midy. Que si toute la coste Orientalle d'Affrique qui est sous la Zone Torride ne joüit pas de la mesme temperature, nous en auons dit la raison cy-deuant, c'est à sçauoir que toute cette coste ne reçoit pas de front le flux de la mer, mais seulement obliquement. Et quoy que cela ne fust pas, il y a encore vn autre empeschement, qui est qu'à l'exeption des Royaumes de Quiloa de Mombale & de Melinde, le reste de cette coste d'Affrique est entierement aride, & n'est arrousé d'aucunes riuieres. Il en va de mesme de la coste d'Arabie, qui nonobstant que l'on l'appelle heureuse est neantmoins tellement seiche qu'à peine elle a de l'eau suffisamment pour estaindre la soif de ses habitans. Concluons donc que toutes les terres qui sont entre les Troppiques, & qui reçoiuent de la mer voisine les vents d'Orient, doiuent auec raison estre mises entre les temperées & les plus fertilles du monde, moyennant qu'elles ne manquent point de riuieres ou que de hautes montagnes ne leur dérobent pas le vent de la mer.

Mais les terres qui sont sous la Zone Torride & exposées à la mer. Du costé de l'Occident ont vne condition bien plus mal-heureuse. Car comme suiuant ce que nous auons dit, il ne leur suruient aucun vent du costé de l'Occidēt; mais sont perpetuellement tourmentées par ce vent d'Orient qui parcourt toute la Zone Trride, & qui leur vient du costé des terres, & par cette raison est tres-sec, il faut par consequent que telles contrées soient sterilles, miserables & presque inhabitables. Par exemple toute la coste Occidentalle d'Affrique, c'est à dire les Royaumes de Galeta, de Arguiny, de Hodene, de Genehoa, le païs des Ialoffres, presque toute la Guinée, & plusieurs autres Prouinces, où les chaleurs sont si insupportables qu'à voir les habitans de ces païs l'on diroit qu'ils ont esté seichés à la cheminée, & l'on les prendroit plûtost pour des spectres ou des squeletes, que pour des hommes. L'experience à fait voir qu'en plusieurs endroits là chaleur y est tellement eccessifue qu'elle y estouffe les esprits par lesquels nous oyons & nous voyons. Cela arriue particulierement aux Leuthoæcopiens, qui tout ainsi que des hyboux ne voyent goutte le iour, & la nuict recouurent l'vsage de la veuë. Les Hollandois non seulement ont remarqué vne telle espece de gens chez les Papons dans la nouuelle Guinée qui est par delà les Indes Orientales, mais les Espagnols les ont aussi veuës & les appellent Albinos, & asseurent qu'ils perdent au Soleil l'vsage de la veüe & de l'oüie. Et Ruterus tesmoin digne de foy asseure que pareille chose luy estoit arriuée & à son compagnon dans le Royaume de Galata proche du fleuue d'or, comme l'on l'appelle, & que peu s'en falloit qu'ils n'eussent entierement perdu la veüe & l'oüie.

Il ne faut pas croire que cette regle soit moins certaine, à cause que sur ce mesme riuage d'Affrique l'on trouue les Royaumes de Congo & d'Angolla, qui sont fort fertilles, & que mesmes dans les Royaumes dont nous auons fait mention auparauant, il se trouue des contrées qui sont fort temperées & tres-propres à estre cultiuées; car cette exception confirme ce que nous disons. A sçauoir, s'il se rencontre quelques montagnes qui empeschent de passer outre, ce vent qui brusle tout, il faut de necessité que la cause estant ostée les effets cessent

ſent auſſi. Or il eſt certain que dans toutes les coſtes dont nous venons de parler, il n'y a que ces ſeuls lieux là de temperez & d'habitables qui ſont enuironnez du coſté de l'Orient par de hautes montagnes deſquelles il ſort vn grand nombre de riuieres, tels ſont les cantons du Cap-verd, de Theon Ochema, ou Serre-Lionne, du Golfe de Sainte Anne, & pluſieurs autres en outre les Royaumes que nous auons nommez.

Afin de faire voir vn exemple plus clair de cette matiere paſſons en l'Amerique. Nous auons dit que les coſtes du Breſil joüiſſent d'vne merueillieuſement douce temperature d'air à cauſe des vents marins, en ſorte que cette contrée eſt perpetuellement humectée d'vne roſée de la mer. Il eſt encore certain que tant plus les vents marins s'éloignent de la mer & de leur origine, ils deuiennent d'autant plus ſecs. Par conſequent la raiſon veut & l'experience le fait voir que les contrées interieures du Breſil & des terres qui ſuiuent ſont tres-ſeiches, & ce d'autant plus qu'elles ſont eſloignees de la mer. Cela poſé le Perou ſeroit infiniement aride & inhabitable, puis qu'il ne reçoit aucuns rafraiſchiſſemens du coſté de l'Occident, & que les vents qui viennent d'Orient y deueroient particulierement ſouffler. Mais il en va tout autrement, & il n'y a perſonne qui aye entendu parler du Perou qui ne ſçache que c'eſt vn des plus fertiles & des plus temperees païs du monde. Vne ſi grande difference ne peut prouenir d'autre chose que des hautes montagnes qui separent ce Royaume du reste de l'Amerique Meridionalle. Ces montagnes-là s'estendent directement du Nord au Sud depuis l'Equateur iusques au destroit de Magellan, & regnent d'vne chaisne continuelle enuiron huict cens lieües d'Allemagne. Ceux qui montent au sommet de ces montagnes ou il peut y auoir quelque passage, & d'où l'on peut jetter la veüe du costé de l'Orient voyent de ce costé-là toutes choses rosties par l'ardeur du Soleil & des vents Orientaux. Mais s'ils tournent la veuüe du costé de l'Occident ils y remarquent vne merueilleuse temperature & benignité de l'air. Les mauuais vents sont perpetuellement exclus par ce rampart, en sorte que dans toutes les Prouinces de Chily & du Perou, l'on ne sçait ce que c'est des vents d'Orient & d'Occident. Les seuls vents de Sud soufflent en ces lieux, qui sont formez par ce flux que nous auons d'escrit, par lequel les mers sont poussees du Midy au Septentrion proche des costes.

CHAPITRE XXVI.

Que dans les Zones temperées les vents de la mer sont chauds, & ceux de la terre froids.

TOut ainsi que le mouuement de la mer & des vents dans les Zones temperees est contraire à celuy qui se fait dans la Zone Torride. Il a pareillement de contraires effets. Le vent qui là est porté auec la maree d'Occident en Orient apporte plûtost le froid que le chaud.

Dans toute la coste de l'Europe exposée à l'Ocean, tant que les vents de la mer soufflent l'on ne sent point l'Hyuer. Il est neantmoins vray qu'il y a des vents de mer plus froids les vns que les autres, & que le Sudouest est plus chaud que le Nordouest, toutesfois quelques vents que ce puissent estre moyennant qu'ils viennent de la mer, ils n'amenent ny gellée ny aucun froid considerable. Lors que les vents de terre se rendent maistres de l'air, les grands froids se font sentir; & l'on a veu bien plus souuent nos riuieres se glacer du vent de Sud que du vent marin de Septentrion. Que si quelqu'vn fait essay auec la Thermoscope; sçauoir lequel en Hyuer est le plus froid en Hollande pendant l'Hyuer du Sudest ou du Nordouest, il trouuera sans doute que le premier est le plus froid. Ce que nous disons se doit seulement entendre des lieux voisins de la mer; car il en arriue autrement dans les lieux qui en sont fort esloignez. Par ce que les vents qui paruiennent-là ayans perdu en chemin la chaleur de la mer deuiennent terrestres & froids. Ce qui fait que diuerses contrees de l'Europe sous mesme climat se trouuent plus froides à proportion qu'elles sont esloignees de la mer.

Au reste cette raison n'a pas seulement lieu aux endroits voisins de la mer, mais beaucoup plus dans les Isles, lesquelles joüissent d'vn air plus temperé que ne font les riuages de la terre ferme, dautant qu'elles ne reçoiuent aucuns vents de terre, mais sont adoucies de tous costez par les vents tiedes de la mer : C'est pourquoy il ne faut pas s'estonner si l'Angleterre & l'Irlande ne ressentent pas de si cruels Hyuers que la France, & s'il fait moins de froid en Escosse que dans les Païs bas & en Allemagne, & que l'Hyuer est bien plus temperé dans l'Islande que dans la Lapponie, & en Noruege.

Mais si quelqu'vn passe de l'Europe dans la coste de l'Amerique, qui luy est opposee, & est sous la Zone temperée, il verra là toutes choses au contraire. Comme le courant de la mer n'attaint pas de droite ligne ces riuages, mais obliquement, il arriue delà que les vents qui sont produits par ce mouuement de la mer ne s'estendent pas dans les terres, mais rasent seulement & effleurent doucement toute cette coste de l'Amerique. Les vents de la mer ou de l'Orient ne sont pas seulement rares, mais presque inconnus dans toutes ces colonies de l'Europe, c'est à dire dans la Floride, la Virginie, la nouuelle Hollande, & la Nouuelle-France. Les seuls vents de terre soufflent presque tousiours, & sont tellement froids en Hyuer, qu'il est estonnant que dans vn si grand voisinage du Soleil des Hyuers si rigoureux puissent durer si long-temps. Dans la nouuelle Hollande les riuieres se glacent si fort en vne seule nuict, que l'on peut seurement passer par dessus, & il y tombe vne si prodigieuse abondance de neiges qu'à peine se peuuent-elles fondre en quatre ou cinq mois.

Que si l'on demande encore quelque autre preuue pour rendre cela plus certain, sans parler des lieux de l'Hemisphere du Sud, nous auons en main la partie Septentrionalle du Royaume de la Chine. Nous auons dit qu'en ce lieu-là les vents d'Orient ou de la mer, ne soufflent iamais ou fort rarement, mais que les vents de terre seuls y regnent toûjours. Or il fait là si grand froid dans la Prouince de Pequin laquelle neantmoins est plus Meridionalle que l'Espagne, puisque sa partie la plus Septentrionalle ne s'estend pas à plus de quarãte-deux degrez, que pendant quatre mois la glace est si forte & si espaise sur les riuieres, que les gens de cheual les peuuent non seulement passer, mais mesmes les charettes chargees le peuuent aussi auec toute seureté.

L'on void par là que cela se fait par mesme raison aux riuages de la Chine qu'aux costes de l'Amerique exposée à l'Europe, dont nous auons parlé cy-dessus. Que si quelqu'vn passe aux riuages Occidentaux de l'Amerique Septentrionalle, il trouuera que l'air & les vents y sont de mesme nature que sur les riuages de l'Europe que nous auons descrits.

Or si presentement nous passons aux Antipodes & aux contrees de l'Hemisphere austral nous trouuerons par tout le mesme ordre; c'est à sçauoir que les riuages & les terres qui reçoiuent le mouuement de la mer par le costé de l'Occident sont beaucoup plus temperées & moins tourmentees du froid, que ne sont les riuages opposez qui regardent le Soleil Leuant. Cette difference est imperceptible dans les petites Isles, mais la terre ferme & les grandes Isles donnent à raison de leur grandeur vn certain & asseuré tesmoignage de leur temperie, & ce non seulement sur les riuages, mais encore plus dans le milieu des terres ou il fait d'autant plus froid qu'elles sont esloignees de la mer & moins humectées des humiditez qui prouiennent de l'Ocean, ou des autres mers.

CHAPITRE XXVI.

D'où vient que les vents marins sont froids dans la Zone Torride & chauds dans les Zones Temperées.

ENcore qu'il paroisse merueilleux que les mers estant chaudes & presque boüillantes entre les Tropiques, elles produisent neantmoins du froid. Et quoy qu'elles soient beaucoup plus froides dans les Zones temperées elles y amenent de la chaleur, si toutesfois l'on se souuient de ce que nous auons dit peu auparauant lors que nous auons traitté de l'origine des vents de terre, ie ne croy pas qu'il puisse rester aucune raison qui donne lieu de douter de cette verité. Comme la terre qui est sous la Zone Torride est plus eschauffée que la mer, il n'est pas extraordinaire que celle-là soit rafraischie par celle-cy. Et dautant que les terres qui sont fort esloignées de la Zone Torride ne sont gueres eschauffées par le Soleil & quelles ne peuuēt estre eschauffées par l'attouchement de celles de dessous la Zone Torride qui sont fort esloignées d'elles, veu que la terre est vn corps stable & solide, ce n'est pas merueille si les contrées qui sont beaucoup esloignees de la Zone Torride sont tres-froides. Mais comme la mer est vn corps fluide, qui est meu continuellement en rond, que son mouuement s'estend par tout, & paruient mesmes iusques à l'extremité du Septentrion, il ne se peut faire autrement que les mers tant esloignees puissent t'elles estre ne soient aussi attraintes de la chaleur de celles qui sont sous la Zone Torride. L'on void donc la raison pourquoy les vents marins sont plus froids entre les Tropiques que les vents de terre, & que tout au contraire ils sont plus chauds dans les païs froids.

CHAPITRE XXVIII.

D'où vient qu'au temps des Æquinoxes l'on remarque de tres-grands mouuemens de la mer & des vents.

OR il y a tousiours sous l'Æquinoctial vne tumeur en l'Ocean, comme ce cercle est le plus grand de tous, & que les eaux tendent continuellement là, par la necessité de la Loy du contrepoids comme nous l'auons dit cy-deuant, cette tumeur est neantmoins beaucoup plus grande lors que le Soleil est perpendiculaire. Pour lors particulierement le mouuement de l'Ocean est hasté, & s'espandant generalement par tout, il fait en sorte que les mers les plus esloignées sentent l'effet de cette tumeur. Ce n'est donc pas merueille si particulierement dans la saison des Æquinoxes les mers sont

ſont infiniement eſmeuës, s'ils s'éleue tant de tempeſtes, & particulierement ces furieuſes & cruelles que l'on appelle des Houragans & des raffalles. Encore toutesfois que la plus commune opinion, ſoit que ces tempeſtes ſont fortuites, & que l'on n'en peut pas donner vne certaine raiſon, toutesfois comme elles arriuent dans des temps & des lieux reglez leur origine ne doit pas demeurer cachée. Or comme tous les autres mouuemens qui ſe font dans la mer & dans l'air ſont aſſujettis à de certaines regles & de certaines bornes; Ie croy de meſme que l'on peut determiner & preuoir les temps & les lieux auſquels ces tempeſtes là doiuent arriuer.

Ce ſont vents Soudeſt qui prouenant de la terre ſont repouſſes vers la terre par l'eſpaiſſeur des nuages qui les empeſchent de paſſer outre, ils ſont diuers & tempeſtueux, les Grecs les nõment Ecneſias. Moriſot. orb. Marit. chap. 40. lib. 2 fol. 642.

Si quelqu'vn donc s'informe diligemment du temps auquel ces ſeditions de la mer & ces vents ſont formez, il trouuera que cela arriue particulierement ſur la fin de l'Eſté; à ſçauoir, quand le Soleil eſtant paruenu aux ſoltiſſes reprend la route de l'Equateur. Car pour lors il ſe fait changement du mouuement annuel par lequel la mer eſt pouſſée du Sud au Nord, & reciproquement du Nord au Sud comme nous l'auons dit. Or comme toute conuerſion ou reciprocation produit ineſgalité de mouuement, il ne ſe peut faire autrement que dans ce temps là que les mers changent leurs cours & reffluent du Sud au Nord, ou du Nord au Sud il ne ſe faſſe de grandes tempeſtes. Mais comme la regle de ces choſes n'eſt pas par tout eſgale, & qu'il y a des lieux plus sujets à ces tempestes les vns que les autres, il est de besoin de faire quelques obseruations d'où nous puissions tirer des coniectures pour le reste. Or afin de ne confondre point plusieurs sortes de tempestes, nous traiterons des seuls Houragans, comme estans plus impetueux que tout le reste. Il n'est pas besoin d'expliquer ce que c'est que les Houragãs, veu qu'il s'en trouue quantité d'exemples & d'histoires. Il est certain que l'on les preuoit par des calmes precedents, des pluyes sallees & par d'autres indices; il est constant encore qu'à leur arriuée la mer pirouette & se meut en tournoyant. Les experimentez Matelots sçauent que ces sortes de tempestes arriuent proche de terre & non pas au milieu de la mer, & que tant plus ils sont prés de la terre ils en sont d'autant plus violents. C'est pourquoy les plus sages Pillotes entre les mains desquels est le soin de la conseruation des Nauires sortent des Ports, s'esloignent des riuages, & font voille en haute mer pour se mettre en seureté. Ie n'estime pas que ceux-là ayent raison qui distinguent tousiours les Houragans d'auec ces tempestes qu'ils appellent Exhydries & Trauados. Ils appellent Exhydries, ce qui se fait au milieu ou au centre de la tempeste où il y a tant soit peu moins de peril, & nomment Houragan ce qui est vn peu plus esloigné.

Aristote appelle Exhydries les vẽts qui sont poussez horriblement, & auec grand bruit parmy les pluyes orageuses Morisot Orb. Marit. chap. 40. lib. 2. fol. 642.

Mais il faut encore obseruer que comme nous qui viuons dans l'Hemisphere Septentrional auons les saisons de l'année differentes de ceux qui habitent sous l'Hemisphere du Sud; Il y a pareillement aussi de la difference des temps ausquels arriuent les Houragans. Or il y a mesme regle sous l'Equateur qu'aux Æquinoxes; mais comme les Houragans arriuent dans nostre Hemisphere lors que le Soleil retourne du Tropique du Cancer deuers l'Equateur, l'on les void au contraire dans l'autre Hemisphere lors que e Soleil retourne du Tropique du Capricorne deuers l'Equateur.

Posé maintenant ce que nous auons dit que les Houragans prouiennent du changement du mouuement annuel de la mer, il ne sera pas difficile de connoistre en quels lieux ces tempestes-là n'arriuent iamais, & pareillement où elles arriuent souuent, & presque tousiours dans les saisons dont nous auons parlé auparauant. Quoy que dans tous les riuages de l'Europe, & mesmes dans cette partie d'Affrique qui s'estend iusques au Cap verd, il se trouue tres-souuent des vents de mer infiniement violens, ie ne sçache pas que l'on y aye iamais veu de Houragans, ou ç'a esté tres-rarement. Par ce que dans ces lieux-là les changemens du mouuement annuel ne se rencontrent point, ou du moins ils sont entierement imperceptibles. Il ne se trouue dans toutes les costes de l'Europe qu'vn seul mouuement general lequel ainsi que nous auons dit plusieurs fois pousse les mers d'Occident en Orient, tant plus l'on s'éloigne des costes de l'Europe à aller vers l'Occident, d'autant plus l'on remarque ce mouuement annuel. Ainsi par consequent ces tempestes sont anniuersaires & reglées dans ces mers qui baignent les riuages de l'Amerique opposez à l'Europe, & ne manquent point d'arriuer tous les ans lors que les mers commencent à refluer du Septentrion vers le Midy.

Or comme le long des costes Septentrionalles de la Chine il se trouue, mesme situation de la mer & pareille regle dans son mouuement qu'il se void dans la mer Borealle de l'Amerique qui est opposée, les mesmes mouuemens & les mesmes tempestes s'y trouuent pareillement. Apres le solstice d'Esté comme la mer commence à refluer du Septentrion au Midy, & particulierement dans l'Equinoxe d'Automne ou vn peu plus tard, il s'éleue tant de tempestes & de tourbillons sur la mer, qui est entre la Chine & le Iapon, qu'il ne fait iamais plus dangereux sur la mer.

Touchant ce que nous auons dit que ces mouuemens sont fort remarquables sur les riuages, & principalement dans vn temps reglé selon que les riuages sont plus ou moins éloignez, & reçoiuent plûtost ou plus tard l'arriuée du flux, cela se remarque entr'autres lieux particulierement dans cette riuiere de la Chine que l'on appelle Che. Dans l'emboucheure de cette riuiere iusques à la ville de Hancheu jadis Chinsai, lors qu'au mois d'Octobre la mer change de cours, la marée y croist si haute que les peuples y accourent de tous costez pour la voir comme vn miracle.

Que si maintenant l'on considere les mers de l'Hemisphere austral, l'on ne trouuera aucune difference à l'ordre & à l'estat des marées & des tempestes qui se rencontrent ordinairement dedans nôtre Hemisphere dans les costes qui sont scituées par delà le Tropique du Capricorne, & qui regardent le Soleil couchant, l'on ny void iamais aucuns Houragans, & au contraire ils sont tres frequents autour des riuages qui sont exposez au Soleil leuant. L'on n'a iamais veu que ie sçache aucuns Houragans aux costes de Chily, & au riuage Occidental de l'Isle Del-Fuego, quoy qu'il s'y rencontre beaucoup d'autres tempestes, & que dans l'autre coste qui s'estend depuis la riuiere de la Plate iusques au destroit de Magellan, & au delà, les Houragans fassent souuent de terribles rauages. Dans toute la coste Occidentalle d'Affrique qui s'estend depuis le Tropique du Capricorne iusques au Cap de Bonne-Esperance, l'on ne void point d'Houragans, bien que tres-souuent l'on en voye le long de la coste Orientalle qui court depuis le Cap de Bonne Esperance iusques à l'Isle Dauphine.

Quand à ce que nous auons dit que ces tempestes arriuent au Printemps dans l'Hemisphere du Sud, quoy qu'au Cap de Bonne-Esperance l'on voye dans la saison de l'Authomne, des Houragans qui persecutent estrangement les voyageurs, cela pourtant ne doit pas donner d'attainte à cette verité; car la mer fait deux conuersions tous les ans, & change son cours aux enuirons de ce Cap, à cause de ce mouuement de la mer des Indes qui decline au Sud duquel nous auons traitté cy-deuant. La raison des tempestes qui arriuent-là au Printemps est manifeste; car ce que nous appellons Printemps les habitans du Cap de Bonne-Esperance l'appellent Authomne. Or les tempestes qui arriuent là en Authomne sont causées par la conuersion du cours de la mer des Indes, laquelle dans le temps de l'Equinoxe & en suitte, court droit au Cap de Bonne Esperance, ainsi que nous auons dit. Mais nous traiterons ailleurs plus amplement de cette matiere, & de quelques autres mouuemens particuliers de la mer & des vents. Et ie croy que cecy suffit sur ce sujet.

CHAPITRE XXIX.

Construction de l'Æroscope pour preuoir les tempestes.

QVoy que beaucoup de gens ayent amplement escrit par quels signes l'on pouuoit preuoir l'arriuée, & les qualitez des vents & des tempestes, il ne s'en est trouué aucun qui aye peu donner de moyen qui ne soit souuent trompeur. C'est pourquoy i'ay trouué à propos d'enseigner la Metode de faire vne Æroscope ou obseruations de l'air, qui iusques à present n'a que ie sçache esté pratiquée par qui que ce soit, par le moyen de laquelle l'on pourra seurement connoistre l'estat de l'air, & si quelques vents ou tempestes sont à craindre, nous auons fait voir il n'y a pas long-temps dans nostre Traitté de la Lumiere, comment par le moyen de l'hydrargire ou vif argent l'on doit connoistre la hauteur de l'air. Et quoy qu'il y aye des gens qui ne croyent pas ce moyen là trop asseuré, parce que l'air n'est pas par tout de mesme nature, & qu'il reçoit beaucoup de changement selon la diuersité des saisons; mais tant s'en faut que cette objection détruise l'ordre & la mesure que nous auons establie, ie tiens mesme qu'elle confirme entierement nostre opinion. Car ce qui appartient à l'air, appartient aussi au vif-argent enfermé dãs des tuyaux. Tout ainsi que la hauteur de l'air n'est pas toûjours égale, de mesme le vif-argent n'est pas toûjours en mesme estat. I'ay obserué la difference du mouuement dans diuers tuyaux pendant enuiron six mois & ay remarqué qu'entre le plus grand accroissement & decroissement, il s'en falloit la quatorziesme partie ou quelque peu plus que la mesure de l'air & du vif-argent ne se trouuast quelquefois plus haute ou plus basse.

I'ay pareillement remarqué cecy, toutesfois & quantes qu'il s'esleue du vent ou de la tempeste de la mer, la hauteur de l'hydrargire s'abbaisse visiblement, & exactament à proportion de la grandeur de la tempeste qui suruient. Et quand la tourmente cesse, & que le calme reuient, l'Hydrargire remonte de nouueau. Or comme dans les Païs-Bas presque toutes les tempestes viennent de la mer, & que rarement elles sont causées par les vents de terre comme il se fait pareillement dans les autres contrés où il ne se trouue aucunes montagnes, il arriue delà que pendant que les vents de la mer soufflent l'Hydrargire descend tousiours, mais lors que ces vents viennent à cesser, & qu'il en vient du costé des terres l'hydrargire remonte, car comme l'air qui est sur la face des mers est presque tousiours plus haut que celuy qui court sur la terre il arriue desia que celui-cy retombant & venant à la rencontre de l'air marin, il s'éleue de necessité; laquelle rencontre fait que ces vents qui prouiennent de la terre sont moins violents. Au contraire les vens marins descendans d'vn contrepoids plus esleué, & rencontrans vn air plus dilate, leur mouuement en est beaucoup plus violent.

Enfin ie tiens cette experience tellement vtile, que ie ne croy pas qu'il s'en puisse imaginer vn plus seure & plus propre pour preuoir les tempestes. Car encore que l'on ne puisse pas asseurer positiuement quand quelque tempeste doit arriuer l'on pourra tousiours si ie ne me trompe preuoir asseurement quand il n'y aura aucun peril, & aussi lors

lors que l'air ſera en eſtat qu'il puiſſe ſuruenir quelque tempeſte. Si l'Hydrargire eſt tout à fait bas, pour lors il n'y a aucun peril à craindre particulierement du coſté des vents de la mer. Que ſi le meſme hydrargie eſt tout au haut les vents de terre ne ſont point à craindre, mais pour lors l'air eſt en eſtat qu'il peut ſuruenir tempeſte cauſée par des vents de la mer; que ſi elle ſuruient pour lors l'hydrargire deſcend promptement & auec violence. Mais ſi elle ne ſuruient point l'hydragire deſcend peu à peu iuſques à ce qu'il ſoit paruenu à la meſure ordinaire.

Ie ne doute nullement, que ſi ceux qui font voyage à la mer veulent conſulter exactement ces ſortes de tuyaux ils n'en puiſſent encore tirer de plus certains preſages pour cõnoiſtre auec aſſeurance qu'il eſt l'eſtat de l'air, & s'il y a quelque aparence de tempeſte, non ſeulement le long des coſtes, mais meſme au milieu de la mer, & peut-eſtre auec plus de certitude. Car comme l'hydrargire ou vif-argent enfermé dans les tuyaux repreſente touſiours exactement le contrepoids de l'air ſans y eſtre induit par chaleur ny froid qui puiſſe tomber ſous leurs ſens, & que delà l'on peut tirer la cauſe des changemens & des tempeſtes, ſans doute l'on peut conclure auec verité que la pratique de cette inuention doit infiniement profiter aux voyageurs. Ie conſents neantmoins que chacun aye telle opinion que bon luy semblera de cette inuention iusques à ce que d'autres en ayant fait l'experience luy donnent leur Approbation.

FIN.

www.ingramcontent.com/pod-product-compliance
Ingram Content Group UK Ltd.
Pitfield, Milton Keynes, MK11 3LW, UK
UKHW012220240726
13966UKWH00003B/876

9 782011 913845